国家电网有限公司
STATE GRID
CORPORATION OF CHINA

输变电工程施工作业层班组骨干培训教材

变电站土建工程

国家电网有限公司基建部　组编

中国电力出版社
CHINA ELECTRIC POWER PRESS

内 容 提 要

为贯彻落实国家终身职业技能培训要求，培育正规化、专业化、职业化的输变电工程施工作业层班组队伍，提高一线作业人员素质和技能，稳定输变电工程安全稳定局面，规范实施作业层班组人员培训，国家电网有限公司基建部组编《输变电工程施工作业层班组骨干培训教材》，共 5 个分册。

本分册为《变电站土建工程》，以模块化教材为特点，工作任务为导向，语言简练、通俗易懂，专业术语完整准确，适用于作业层班组人员培训教学、员工自学，也可作为新员工培训、相关职业院校教学参考。同时，书中相应位置将操作演示视频和安全注意事项等以二维码形式呈现，方便学习使用。

图书在版编目（CIP）数据

变电站土建工程 / 国家电网有限公司基建部组编. —北京：中国电力出版社，2022.6
（2024.12重印）
输变电工程施工作业层班组骨干培训教材
ISBN 978-7-5198-5871-1

Ⅰ. ①变⋯ Ⅱ. ①国⋯ Ⅲ. ①变电所–建筑工程–工程施工–技术培训–教材
Ⅳ. ①TM63

中国版本图书馆 CIP 数据核字（2021）第 160665 号

出版发行：中国电力出版社
地　　址：北京市东城区北京站西街 19 号（邮政编码 100005）
网　　址：http://www.cepp.sgcc.com.cn
责任编辑：高 芬　罗 艳
责任校对：黄 蓓　郝军燕
装帧设计：张俊霞
责任印制：石 雷
印　　刷：北京锦鸿盛世印刷科技有限公司
版　　次：2022 年 6 月第一版
印　　次：2024 年 12 月北京第二次印刷
开　　本：710 毫米×1000 毫米　16 开本
印　　张：13
字　　数：217 千字
印　　数：3001—3500 册
定　　价：98.00 元

编 委 会

《变电站土建工程》编写人员

冯玉功　禹　波　周　帆　白元国　高燕雄　高　鹏
方建筠　杜民生　朱转军　金　山　张　博　欧阳军
孙瑛爽　张小勇　李爱武　郭海龙　曲　昀　赵汝祥
蔡　婕

前　言

实现碳达峰、碳中和，能源是主战场，电力是主力军，电网是排头兵。电网连接电力生产和消费，既是重要的网络平台，也是能源转型的中心环节。国家电网有限公司认真贯彻党中央、国务院决策部署，充分发挥"大国重器"和"顶梁柱"作用，自觉肩负起责任使命，在构建以新能源为主体的新型电力系统、推动能源绿色低碳发展中争做引领者、推动者、先行者。

习近平总书记指出，"技术工人队伍是支撑中国制造、中国创造的重要基础，对推动经济高质量发展具有重要作用。"为贯彻落实国家终身职业技能培训要求，培育正规化、专业化、职业化的输变电工程作业层班组队伍，提高一线作业人员素质和技能，巩固输变电工程安全稳定局面，规范实施作业层班组人员培训，国网基建部组编了《输变电工程施工作业层班组骨干培训教材》，共分为《架空输电线路》《输电电缆》《变电站土建工程》《变电站一次设备安装》《变电站二次系统调试》。

教材以国家、行业及公司发布的法律法规、规程规范、技术标准为依据，以作业层班组作业人员能力提升、满足现场工作实际需要为目的，以模块化教材为特点，以工作任务为导向，语言简练、通俗易懂，专业术语完整准确，适用于作业层班组人员培训教学、员工自学，也可作为新员工培训、相关职业院校教学参考。

本书凝聚了我国电网建设领域广大专家学者和工程技术人员的心血和智慧，是国家电网有限公司立足新发展阶段，深入推进高质量建设的又一重要成果。希望本书的出版和应用，能够提高我国输变电工程建设水平，为建设新型电力系统、助力双碳行动实施、服务经济社会发展做出积极贡献。

编　者

2022 年 5 月

目　录

前言

模块一　输变电工程建设安全管理基础 ················ 1

项目一　法律法规相关要求 ·············· 1

　任务 1.1　班组安全管理相关法律法规要求 ·············· 1

项目二　输变电工程建设安全管理基本流程 ·············· 3

　任务 2.1　输变电工程建设安全管理基本流程 ·············· 3

　任务 2.2　班组人员安全职责 ·············· 5

项目三　输变电工程建设安全管理基本要求 ·············· 7

　任务 3.1　作业计划管理 ·············· 7

　任务 3.2　作业风险管理 ·············· 8

　任务 3.3　作业人员管理 ·············· 9

　任务 3.4　作业层班组管理 ·············· 10

　任务 3.5　输变电工程施工安全强制措施 ·············· 11

　任务 3.6　安全事故报告和调查处理 ·············· 12

　任务 3.7　应急管理要求 ·············· 13

模块二　输变电工程建设质量管理基础 ················ 15

项目一　法律法规相关要求 ·············· 15

　任务 1.1　班组质量管理相关法律法规要求 ·············· 15

　任务 1.2　班组质量管理责任 ·············· 16

　　任务 1.3　输变电工程施工质量强制性措施 ························· 18

　　任务 1.4　质量事件等级划分及报告制度 ·························· 18

项目二　质量管理流程 ·· 20

　　任务 2.1　工程建设质量管理流程 ································ 20

　　任务 2.2　班组入场前准备 ······································ 20

　　任务 2.3　班组过程中管理 ······································ 20

　　任务 2.4　班组退场管理 ·· 21

项目三　质量管理关键点 ·· 21

　　任务 3.1　质量管理要求 ·· 21

　　任务 3.2　施工前准备 ·· 21

　　任务 3.3　质量通病防治、标准工艺、绿色施工措施 ·············· 22

　　任务 3.4　质量关键工序视频监督检查要求 ······················ 22

　　任务 3.5　工程过程中质量管理 ·································· 23

　　任务 3.6　班组退场管理 ·· 24

模块三　施工作业层班组标准化建设及管理 ·············· 25

项目一　作业层班组建设标准 ·· 25

　　任务 1.1　班组建设标准 ·· 25

　　任务 1.2　作业层班组岗位职责 ·································· 26

　　任务 1.3　驻地建设 ·· 29

　　任务 1.4　机具堆放和管理 ······································ 30

　　任务 1.5　消防设施 ·· 31

项目二　班组日常管理 ·· 32

　　任务 2.1　作业前工作准备 ······································ 32

　　任务 2.2　作业过程管理 ·· 33

项目三　班组考核管理 ·· 37

　　任务 3.1　班组考核管理 ·· 37

模块四　施工临时用电 ································ 39

项目一　现场临时用电布设 ·· 39

　　任务 1.1　临时用电 ·· 39

任务 1.2　配电线路布置 ································· 40

任务 1.3　配电箱与开关箱的设置与使用 ··············· 40

模块五　土方工程 ································· 42

项目一　定位及高程控制 ································· 42

任务 1.1　场地标高及基准点复核 ····················· 42

任务 1.2　建（构）筑物基槽灰线 ····················· 42

项目二　土方开挖 ································· 44

任务 2.1　施工降水与排水 ··························· 44

任务 2.2　基坑支护 ······························· 47

任务 2.3　地基验槽 ······························· 50

项目三　土方回填 ································· 50

任务 3.1　土方填筑与压实 ··························· 50

任务 3.2　回填土质量验收 ··························· 52

模块六　钢筋工程 ································· 54

项目一　钢筋识图及翻样 ································· 54

项目二　钢筋加工与安装 ································· 55

任务 2.1　钢筋加工 ······························· 55

任务 2.2　钢筋安装 ······························· 56

任务 2.3　钢筋接头位置和数量控制 ··················· 58

任务 2.4　钢筋混凝土保护层检验 ····················· 60

任务 2.5　钢筋隐蔽验收 ··························· 61

项目三　接头焊接 ································· 62

项目四　钢筋加工及安装 ································· 64

模块七　模板工程 ································· 66

项目一　模板施工 ································· 66

任务 1.1　普通混凝土模板制作 ······················· 66

任务 1.2　普通支模架搭设及模板安装 ················· 67

任务 1.3　模板拆除 ······························· 69

项目二　安全风险管控要点 ·································· 71

模块八　混凝土工程 ························· 73

项目一　混凝土原材料及配合比控制 ···················· 73

项目二　混凝土浇筑 ······································ 77

项目三　安全风险管控要点 ······························ 81

模块九　砌体工程 ·························· 83

项目一　砌筑砂浆配合比控制 ···························· 83

　　任务 1.1　砌筑砂浆搅拌 ····························· 83

　　任务 1.2　砂浆试块制作 ····························· 87

项目二　砌体砌筑 ·· 89

　　任务 2.1　砖砌体砌筑 ······························· 89

　　任务 2.2　石砌体砌筑 ······························· 96

项目三　安全风险管控要点 ······························ 97

模块十　建筑装饰装修工程 ············· 99

项目一　抹灰 ·· 99

　　任务 1.1　基层处理 ································· 99

　　任务 1.2　普通抹灰 ································· 101

　　任务 1.3　防水、保温等特种砂浆抹灰 ············· 108

项目二　饰面砖 ··· 113

　　任务 2.1　饰面砖排版 ······························ 113

　　任务 2.2　饰面砖镶贴 ······························ 115

项目三　地面施工 ······································· 120

　　任务 3.1　整体地面 ································· 120

　　任务 3.2　板块地面 ································· 125

项目四　涂料涂饰 ······································· 129

项目五　门窗安装 ······································· 135

　　任务 5.1　塑钢门窗 ································· 135

　　任务 5.2　建筑屋面工程 ····························· 139

任务 5.3　建筑电气工程 ··· 140

项目六　安全风险管控要点 ··· 141

模块十一　构架组立吊装工程 ·· 143

项目一　构架组立吊装 ··· 143

项目二　安全风险管控要点 ·· 144

模块十二　给排水工程 ·· 146

项目一　站内给排水工程 ·· 146

项目二　建筑物给排水工程 ·· 148

项目三　安全风险管控要点 ·· 149

模块十三　脚手架工程 ·· 151

项目一　扣件式钢管脚手架搭设与拆除 ································· 151

项目二　承插型盘扣式钢管脚手架搭设与拆除 ······················ 159

项目三　脚手架作业安全风险管控要点 ································· 164

模块十四　防雷接地工程 ··· 166

项目一　防雷接地施工 ··· 166

项目二　安全风险管控要点 ·· 168

模块十五　钢结构建筑物工程 ·· 169

项目一　钢结构建筑物施工 ·· 169

项目二　安全风险管控要点 ·· 171

模块十六　建筑工程冬期施工 ·· 173

项目一　地基基础工程 ··· 173

任务 1.1　土方工程 ··· 173

任务 1.2　地基处理 ··· 174

项目二　砌体工程 ··· 175

项目三　钢筋工程 ··· 175

项目四　混凝土工程 …………………………………………… 176

项目五　保温及屋面防水工程 ……………………………………… 177

项目六　建筑装饰装修工程 …………………………………… 180

项目七　钢结构工程 …………………………………………… 182

项目八　越冬维护工程 ………………………………………… 183

项目九　安全风险管控要点 …………………………………… 184

模块十七　附属工程 ……………………………… 186

项目一　消防设备安装工程 …………………………………… 186

任务 1.1　灭火器及消防砂箱、消防棚架配置 ……………… 186

任务 1.2　消防应急照明和疏散指示系统 ………………… 188

任务 1.3　电缆线路防火阻燃设施施工 …………………… 191

任务 1.4　防火门窗 ………………………………………… 192

任务 1.5　建筑内部装修 …………………………………… 193

任务 1.6　钢结构防火保护 ………………………………… 193

任务 1.7　防排烟系统 ……………………………………… 194

项目二　安全风险管控要点 …………………………………… 195

模块一　输变电工程建设安全管理基础

|项目一　法律法规相关要求|

任务 1.1　班组安全管理相关法律法规要求

作业人员在作业中，必须遵守有关安全管理规定，如存在关闭、破坏直接关系生产安全的监控、报警、防护、救生设备、设施，或者篡改、隐瞒、销毁其相关数据、信息，或者存在因存在重大事故隐患被依法责令停产停业、停止施工、停止使用有关设备、设施、场所或者立即采取排除危险的整改措施，而拒不执行的行为，就必须追究刑事责任。

作业层班组骨干在组织生产的过程中，如果强令他人违章冒险作业，或者明知存在重大事故隐患而不排除，仍冒险组织作业，也必须追究刑事责任。

需要注意的是，上述法律责任并非必须发生事故才追究，只要有发生事故的现实可能，就有可能追究刑事责任。

🔍 知识延伸

《刑法》修正案（十一）　在生产、作业中违反有关安全管理的规定，有下列情形之一，具有发生重大伤亡事故或者其他严重后果的现实危险的，处一年以下有期徒刑、拘役或者管制：关闭、破坏直接关系生产安全的监控、报警、防护、救生设备、设施，或者篡改、隐瞒、销毁其相关数据、信息的；因存在重大事故隐患被依法责令停产停业、停止施工、停止使用有关设备、设施、场所或者立即采取排除危险的整改措施，而拒不执行的。

《刑法》修正案（十一）　强令他人违章冒险作业，或者明知存在重大事故

1

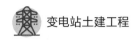

隐患而不排除，仍冒险组织作业，因而发生重大伤亡事故或者造成其他严重后果的，处五年以下有期徒刑或者拘役；情节特别恶劣的，处五年以上有期徒刑。

班组人员应参与本单位安全生产教育和培训，及时排查生产安全事故隐患，提出改进安全生产管理的建议；有权制止和纠正违章指挥、强令冒险作业、违反操作规程的行为。

班组特种作业人员应按照规定经专门的安全作业培训并取得相应资格，上岗作业。

需要注意的是，对已明确或已发现事故隐患未采取措施消除事故隐患的，构成犯罪的，依照刑法有关规定追究刑事责任。

🔍 知识延伸

《安全生产法》第二十五条　生产经营单位的安全生产管理人员应参与本单位安全生产教育和培训，检查本单位的安全生产状况，及时排查生产安全事故隐患，提出改进安全生产管理的建议；制止和纠正违章指挥、强令冒险作业、违反操作规程的行为。

《安全生产法》第九十七条（第二款）　特种作业人员未按照规定经专门的安全作业培训并取得相应资格，上岗作业的，责令限期改正，处十万元以下的罚款；逾期未改正的，责令停产停业整顿，并处十万元以上二十万元以下的罚款，对其直接负责的主管人员和其他直接责任人员处二万元以上五万元以下的罚款。

《安全生产法》第一百零二条　生产经营单位未采取措施消除事故隐患的，责令立即消除或者限期整改，处五万元以下的罚款；生产经营单位拒不执行的，责令停产停业整顿，对其直接负责的主管人员和其他直接责任人员处五万元以上十万元以下的罚款；构成犯罪的，依照刑法有关规定追究刑事责任。

禁止总承包单位将工程分包给不具备相应资质条件的单位。禁止分包单位将其承包工程再分包。

班组应严格按照施工交底的工作内容和范围施工，如果在施工过程中发现有需要临时占用规划批准范围以外场地；施工可能损坏道路、管线、电力、邮电通信等公共设施；需要临时停水、停电、中断道路交通；需要进行爆破作业等情况时，应立即停止施工并报项目部按照国家有关规定办理申请批准手续，不得强行擅自施工。

《建筑法》第二十九条 禁止总承包单位将工程分包给不具备相应资质条件的单位。禁止分包单位将其承包的工程再分包。

《建筑法》第四十二条 有下列情形之一的，建设单位应当按照国家有关规定办理申请批准手续：

（一）需要临时占用规划批准范围以外场地的；

（二）可能损坏道路、管线、电力、邮电通信等公共设施的；

（三）需要临时停水、停电、中断道路交通的；

（四）需要进行爆破作业的；

（五）法律、法规规定需要办理报批手续的其他情形。

班组任何人发现安全事故隐患，应当及时向班组负责人和项目负责人报告；对违章指挥、违章操作的，应当立即制止。在使用施工起重机械和整体提升脚手架、模板等自升式架设设施前，班组安全员应当组织对设备进行自检验收，自检完成后报项目部验收，取得验收合格标识后方可使用。

《建设工程安全生产管理条例》第二十七条 建设工程施工前，施工单位负责项目管理的技术人员应当对有关安全施工的技术要求向施工作业班组、作业人员作出详细说明，并由双方签字确认。

《建设工程安全生产管理条例》第二十三条 发现安全事故隐患，应当及时向项目负责人和安全生产管理机构报告；对违章指挥、违章操作的，应当立即制止。专职安全生产管理人员的配备办法由国务院建设行政主管部门会同国务院其他有关部门制定。

|项目二 输变电工程建设安全管理基本流程|

任务 2.1 输变电工程建设安全管理基本流程

项目前期阶段，设计勘查单位开展安全风险、地质灾害分析和评估；建设单位组建业主项目部，确立安全管理目标；招标后中标单位按规定组建项目部，并配备专职安全管理人员，制定管理制度和安全措施，完善工程前期策划文件，班组技术员应参与施工方案编写。

工程开工前，建设单位组织现场踏勘，确定安全风险清册，召开第一次工地例会，组织设计安全交底，开展开工条件标准化核查，严格进场审查把关，杜绝不合格队伍、人员、机械、设施进场。

工程开工后，业主项目部组织开展现场安全文明施工设施进场验收、风险过程管理工作，监督落实到岗到位管控要求；参建项目部组织动态核查进场分包队伍及人员资格，验证特种作业人员人证相符情况，掌握工程建设分包动态信息。在开工、转序前落实作业层班组岗前培训考试等准入要求。定期组织开展安全检查活动，监督安全问题闭环整改，分级开展安全责任量化考核管理。

工程完工后，参建项目部组织开展安全管理总结，对风险管理、分包队伍管理、安全文明施工费用使用情况等开展评估考核。

🔍 知识延伸

《国家电网有限公司输变电工程建设安全管理规定》[国网（基建/2）173—2021]第十五条～第二十六条

在项目前期阶段，设计（勘察）单位应开展工程安全风险、地质灾害分析和评估，优化工程选线、选址方案；可行性研究应对工程可能涉及的"三跨"作业、复杂地质条件和超过一定规模的危险性较大的分部分项工程等重大安全问题进行专项分析评估。

在工程前期阶段，建设单位应按规定组建输变电工程业主项目部，配备专职安全管理人员，制定工程建设安全管理目标。

工程中标单位应根据合同和有关规定组建项目部，按规定配备专职安全管理人员，制定工程安全管理制度和安全措施，完善工程建设管理实施规划（施工组织设计）等文件。

工程建设单位应牵头组织各参建单位开展工程总体安全管理策划，建立健全工程安全生产组织管理机制、安全风险管理机制、隐患排查治理机制、应急响应和事故救援处理机制等。

工程开工前，建设单位应组织业主、设计（勘察）、监理和施工项目部人员现场踏勘，确定工程施工安全风险清册。

工程开工前，业主项目部应组织召开第一次工地例会，协调现场安全管理问题。组织设计安全交底，组织监理、施工项目部开展开工条件标准化核查，严格进场审查把关，杜绝不合格队伍、人员、机械、设施进场。

工程开工后，业主项目部组织开展现场安全文明施工设施进场验收，定期组织检查，监督落实安全标准化要求。监督安全文明施工费用使用情况。

业主项目部组织监理、施工项目部开展风险过程管理工作，监督落实到岗到位管控要求。

参建项目部组织动态核查进场分包队伍及人员资格，验证特种作业人员人证相符情况，掌握工程建设分包动态信息。在开工、转序前落实作业层班组岗前培训考试等准入要求。

参建项目部组织开展安全检查活动，监督安全问题闭环整改；分级开展安全责任量化考核管理，定期组织检查，监督落实安全标准化要求。

工程完工后，参建项目部组织开展安全管理总结，对风险管理、分包队伍管理、安全文明施工费用使用情况等开展评估考核。

任务2.2　班组人员安全职责

1. 班组负责人

（1）负责班组日常管理工作，对施工班组（队）人员在施工过程中的安全与职业健康负直接管理责任。

（2）负责工程具体作业的管理工作，履行施工合同及安全协议中承诺的安全责任。

（3）负责执行上级有关输变电工程建设安全质量的规程、规定、制度及安全施工措施，纠正并查处违章违纪行为。

（4）负责新进人员和变换工种人员上岗前的班组级安全教育，确保所有人经过安全准入。

（5）组织班组人员开展风险复核，落实风险预控措施，负责分项工程开工前的安全文明施工条件检查确认。

（6）掌握"三算四验五禁止"安全强制措施内容，对作业中涉及的"五禁止"内容负责。

（7）负责"e基建"中"日一本账"计划填报；负责使用"e基建"填写施工作业票，全面执行经审批的作业票。

（8）负责组织召开每日站班会，作业前进行施工任务分工及安全技术交底，不得安排未参加交底或未在作业票上签字的人员上岗作业。

（9）配合工程安全、质量事件调查，参加事件原因分析，落实处理意见，及时改进相关工作。

2. 班组安全员

（1）负责组织学习贯彻输变电工程建设安全工作规程、规定和上级有关安全工作的指示与要求。

（2）协助班组负责人进行班组安全建设，开展安全活动。

（3）掌握"三算四验五禁止"安全强制措施内容，对作业中涉及的"四验"内容负责。

（4）负责施工作业票班组级审核，监督经审批的作业票安全技术措施落实。

（5）负责审查施工人员进出场健康状态，检查作业现场安全措施落实，监督施工作业层班组开展作业前的安全技术措施交底。

（6）负责施工机具、材料进场安全检查，负责日常安全检查，开展隐患排查和反违章活动，督促问题整改。

（7）负责检查作业场所的安全文明施工状况，督促班组人员正确使用安全防护用品和用具。

（8）参加安全事故调查、分析，提出事故处理初步意见，提出防范事故对策，监督整改措施的落实。

3. 班组技术员

（1）负责组织班组人员进行安全、技术、质量及标准化工艺学习，执行上级有关安全技术的规程、规定、制度及施工措施。

（2）掌握"三算四验五禁止"安全强制措施内容，对作业中涉及的"三算"内容负责。

（3）负责本班组技术和质量管理工作，组织本班组落实技术文件及施工方案要求。

（4）参与现场风险复测、单基策划及方案编制。

（5）组织落实本班组人员刚性执行施工方案、安全管控措施。

（6）负责班组自检，整理各种施工记录，审查资料的正确性。

（7）负责班组前道工序质量检查、施工过程质量控制，对检查出的质量缺陷上报负责人安排作业人员处理，对质量问题处理结果检查闭环，配合项目部组织的验收工作。

（8）参加质量事故调查、分析，提出事故处理初步意见，提出防范事故对策，监督整改措施的落实。

4. 班组其他人员

（1）自觉遵守本岗位工作相关的安全规程、规定，取得相应的资质证书，不违章作业。

（2）正确使用安全防护用品、工器具，并在使用前进行外观完好性检查。

（3）参加作业前的安全技术交底，并在施工作业票上签字。

（4）有权拒绝违章指挥和强令冒险作业；在发现直接危及人身、电网和设备安全的紧急情况时，有权停止作业。

（5）施工中发现安全隐患应妥善处理或向上级报告；及时制止他人不安全作业行为。

（6）在发生危及人身安全的紧急情况时，立即停止作业或者在采取必要的应急措施后撤离危险区域，并第一时间报告班组负责人。

（7）接受事件调查时应如实反映情况。

| 项目三　输变电工程建设安全管理基本要求 |

任务 3.1　作业计划管理

现场施工实行作业计划刚性管理制度，所有作业均应纳入作业计划管控；发布后的作业计划因特殊情况确需调整的，班组负责人应及时向项目部报告，履行对应变更审批手续后开始作业。坚决杜绝无计划作业、随意变更计划作业、超计划范围作业、管控措施不落实等行为情况的发生。

🔍 知识延伸

《国家电网有限公司输变电工程建设安全管理规定》[国网（基建/2）173—2021] 第五十一条～第五十四条　现场施工实行作业计划刚性管理制度，所有作业均应纳入作业计划管控。作业计划应及时发布，发布后的作业计划无特殊情况不应变更，如确实需要调整的，应履行对应变更审批手续。输变电工程建设参建单位要全程掌握作业计划的发布、执行准备和实施情况，禁止无计划作

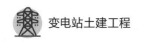

业。各级管理部门、各参建单位要将作业计划管理纳入日常督查工作中，将无计划作业、随意变更计划作业、管控措施不落实等行为作为重点督查对象。

任务 3.2 作业风险管理

1. 风险初勘及复测

开工前，施工项目部组织班组人员进行现场初勘。根据风险初勘结果及审查后的三级及以上重大风险清单，识别出与本工程相关的所有风险作业，制订风险实施计划安排。班组严格按照风险作业计划，提前开展施工安全风险复测。

2. 作业票开具相关规定

风险作业前，班组负责人严格按照风险等级开具对应的施工作业票，并履行审核签发程序。严禁无票作业。

作业票开具：一个班组同一时间只能执行一张施工作业票，一张施工作业票可包含最多一项三级及以上风险作业和多项四级、五级风险作业。同一张施工作业票中存在多个作业面时，应明确各作业面的安全监护人；对应多个风险时，应经综合选用相应的预控措施。

作业票终结：以最高等级的风险作业为准，未完成的其他风险作业延续到后续作业票。

需注意的是：作业票包含多项风险时，按其中最高的风险等级确定作业票种类，一张施工作业票使用时间不得超过 30 天，如需超过则应重新办票。

3. 创建作业票流程

（1）根据对应风险，选择作业类型、工序、作业部位、作业票名称信息后，进入作业票填写页面；允许选择多个作业类型展现不同工序不同作业部位，合并开票。

（2）按要求填写施工班组名称、复测后风险等级、计划开始和结束时间、执行方案名称、选择安全监护人、选择技术员和其他施工人员等信息，根据现场实际情况，勾选作业必备条件，填写完成后即可预览作业票。

（3）作业票填写完成点击保存后，可在"基建移动应用（e 基建）"首页—待办—待提交中进行查看，班组负责人在待办列表中可对待提交的作业票进行删除或者修改操作。

（4）作业过程风险管控措施可以进行手动编辑。

（5）填写完整作业票信息后提交审核，可通过流程图跟踪作业票签审情况。

4. 风险作业过程管控

班组负责人在每日作业前，应对当日风险进行复核、检查作业必备条件及当日控制措施落实情况。

风险作业过程中，班组负责人在风险作业实施过程中要对风险进行全程控制。班组安全员必须专职从事安全管理或监护工作，不得从事其他作业。作业人员应严格执行风险控制措施，遵守现场安全作业规章制度和作业规程，服从管理，正确使用安全工器具和个人安全防护用品。

🔍 知识延伸

《输变电工程建设施工安全风险管理规程》（Q/GDW 12152—2021）7.1～7.8条　四、五级风险作业按附录 D 填写输变电工程施工作业 A 票，由班组安全员、技术员审核后，项目总工签发；三级及以上风险作业按附录 D 填写输变电工程施工作业 B 票，由项目部安全员、技术员审核，项目经理签发后报监理审核后实施。涉及二级风险作业的 B 票还需报业主项目部审核后实施。填写施工作业票，应明确施工作业人员分工。

一个班组同一时间只能执行一张施工作业票，一张施工作业票可包含最多一项三级及以上风险作业和多项四级、五级风险作业，按其中最高的风险等级确定作业票种类。作业票终结以最高等级的风险作业为准，未完成的其他风险作业延续到后续作业票；同一张施工作业票中存在多个作业面时，应明确各作业面的安全监护人；同一张作业票对应多个风险时，应综合选用相应的预控措施。

任务 3.3　作业人员管理

班组人员培训应实行分类分级培训与管理，班组骨干每两年参加省级公司统一组织的培训、考试，合格后由省公司发布上岗；其他人员应由施工单位对其实操能力进行核定，每四年参加一次省级公司统一组织的培训、考试，合格后纳入实名制管控后上岗。

班组负责人每周组织班组全员进行安全学习，学习上级有关输变电工程建设安全的规程、规定、制度及安全施工措施，并形成《班组安全活动记录》，同时负责新进人员和变换工种人员上岗前的班组级安全教育，并记录在班组日志中。

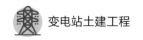

工程开工后严禁非实名制人员参加施工作业。特种作业人员、特殊设备操作人员应取得国家有关部门颁发的资格证书且在有效期内方可上岗作业。

100%配备通过统一岗前培训考试合格的作业层班组骨干和线路作业层班组人员，落实班组标准化建设要求，确保班组日常管理有序。

严格按照设计和施工方案开展施工作业，做到"五不作业"（作业人员未经准入不作业、管理人员未到岗履职不作业、作业条件不具备不作业、安全措施未落实不作业、无作业票不作业）。

遇突发情况，第一时间上报施工项目部，做到及时响应。

🔍 知识延伸

《国家电网有限公司输变电工程建设安全管理规定》[国网（基建/2）173—2021]第三十四条　作业层班组人员参加岗前培训考试合格后方可上岗。班组骨干应由施工单位或其上级单位对其实操能力进行核定，每两年参加公司统一组织的培训、考试合格后由省公司发布后方可上岗。班组其他人员应由施工单位对其实操能力进行核定，每四年参加一次公司统一组织的培训、考试合格后纳入实名制管控后方可上岗。

《国家电网有限公司输变电工程建设安全管理规定》[国网（基建/2）173—2021]第四十条　特种作业人员、特殊设备操作人员应取得国家有关部门颁发的资格证书且在有效期内方可上岗作业。

任务 3.4　作业层班组管理

作业层班组合格是工程开工必备条件，合格作业层班组应满足的条件：进场班组人员应满足准入条件，班组骨干和班组成员应相互熟悉、完成磨合，班组驻地应具备管理条件，安全防护用具、施工机具等装备应由施工单位（或专业分包单位）足额配备并检验合格。

工程开工后，各级管理单位定期对班组进行核查，及时按照不合格班组的表现形式，对能力、身份、组织、准入、装备等不符合要求的不合格班组进行清退。

班组应建立施工机具领用及退库台账，同时建立日常管理台账，每日作业前应进行施工机具安全检查。

🔍 **知识延伸**

《国家电网有限公司关于全面加强基建施工作业单元管控长效机制建设的通知》(国家电网基建〔2020〕625号) 不合格作业层班组的主要表现形式(包括但不限于):

(1)能力不符合要求:班组骨干没有足够的工作经历,不懂作业要求,交规式安全考试不合格。

(2)身份不符合要求:班组骨干在现场从事与其职责不相符的工作,或是施工单位开工前方以签订用工合同方式临时确定,实际与分包人员是一个包工队。

(3)组织不符合要求:班组骨干与核心分包人员相互不熟悉,作业现场严重违背强制措施,班组骨干在班组人员作业前不能到场或在班组人员作业完成前已离开现场。

(4)准入不符合要求:班组人员未纳入"基建移动应用(e基建)"管控,未经准入进入作业现场。

(5)装备不符合要求:班组安全防护用品、使用的主要工器具或材料非施工单位(或专业分包单位)提供,或提供了班组不使用。

任务 3.5　输变电工程施工安全强制措施

班组应严格执行公司输变电工程施工安全强制措施。按照"技术员懂计算、安全员会验收、负责人能禁止"的原则,对拆除、超长抱杆、深基坑、索道、水上作业、反向拉线、不停电跨越、近电作业等八类作业和特殊气象环境、特殊地理两种条件下的关键工况的高危环节进行全过程管控。

🔍 **知识延伸**

《国网基建部关于印发输变电工程建设施工安全强制措施(2021年修订版)的通知》(基建安质〔2021〕40号)

"三算":一是拉线必须经过计算校核;二是地锚必须经过计算校核;三是临近带电体作业安全距离必须经过计算校核。

"四验":一是拉线投入使用前必须通过验收;二是地锚投入使用前必须通过验收;三是索道投入使用前必须通过验收;四是组塔架线作业前地脚螺栓必须通过验收。

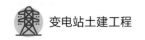

"五禁止"：一是有限空间作业，禁止不满足通风及安全防护要求开展作业；二是组塔架线高空作业，禁止不使用攀登自锁器及速差自控器；三是乘坐船舶或水上作业，禁止不穿戴救生装备；四是紧断线平移导线挂线，禁止不交替平移子导线；五是杆塔组立起立抱杆作业，禁止使用正装法。

任务 3.6　安全事故报告和调查处理

现场发生安全生产事故后，班组人员应逐级如实上报至本单位负责人，单位负责人接到事故报告后应迅速采取有效措施，组织抢救，防止事故扩大，减少人员伤亡和财产损失。不得隐瞒不报、谎报或者迟报，不得故意破坏事故现场、毁灭有关证据。

根据生产安全事故造成的人员伤亡或者直接经济损失，事故一般分为以下等级（"以上"包括本数，"以下"不包括本数）：

（1）特别重大事故，是指造成 30 人以上死亡，或者 100 人以上重伤（包括急性工业中毒，下同），或者 1 亿元以上直接经济损失的事故；

（2）重大事故，是指造成 10 人以上 30 人以下死亡，或者 50 人以上 100 人以下重伤，或者 5000 万元以上 1 亿元以下直接经济损失的事故；

（3）较大事故，是指造成 3 人以上 10 人以下死亡，或者 10 人以上 50 人以下重伤，或者 1000 万元以上 5000 万元以下直接经济损失的事故；

（4）一般事故，是指造成 3 人以下死亡，或者 10 人以下重伤，或者 1000 万元以下直接经济损失的事故。

🔍 知识延伸

《中华人民共和国安全生产法》第八十三条　生产经营单位发生生产安全事故后，事故现场有关人员应当立即报告本单位负责人。单位负责人接到事故报告后，应当迅速采取有效措施，组织抢救，防止事故扩大，减少人员伤亡和财产损失，并按照国家有关规定立即如实报告当地负有安全生产监督管理职责的部门，不得隐瞒不报、谎报或者迟报，不得故意破坏事故现场、毁灭有关证据。

《中华人民共和国安全生产法》第八十五条　有关地方人民政府和负有安全生产监督管理职责的部门的负责人接到生产安全事故报告后，应当按照生产安全事故应急救援预案的要求立即赶到事故现场，组织事故抢救。参与事故抢救的部门和单位应当服从统一指挥，加强协同联动，采取有效的应急救援措施，并根据事故救援的需要采取警戒、疏散等措施，防止事故扩大和次生灾害的发生，减少人员伤亡和财产损失。

任务 3.7　应急管理要求

事故发生后，班组负责人立即下令停止作业，即时向项目负责人汇报突发事件发生的原因、准确报告事故情况、配合开展应急处置工作，防止事故扩大，减轻事故损害。

班组人员应参加项目部组织的应急管理培训，全员学习紧急救护法，会正确解脱电源，会心肺复苏法，会止血，会包扎，会转移搬运伤员，会处理急救外伤或中毒等。

发生事故后，班组负责人应立即向本单位现场负责人报告，上报时间不得超过 1 小时，班组负责人在救援过程中应严格按照项目部制定的应急处置方案及应急演练流程进行现场救援，不得盲目施救，避免事故扩大。

🔍 知识延伸

《施工作业层班组建设标准化手册》（基建安质〔2021〕26 号）

（1）突发事件发生后，班组人员应立即向班组负责人报告，班组负责人立即下令停止作业，即时向项目负责人汇报突发事件发生的原因、地点和人员伤亡等情况。

（2）班组负责人在项目部应急工作组的指挥下，在保证自身安全的前提下，组织应急救援人员迅速开展营救并疏散、撤离相关人员，控制现场危险源，封锁、标明危险区域，采取必要措施消除可能导致次（衍）生事故的隐患，直至应急响应结束。

（3）应急救援人员实施救援时，应当做好自身防护，佩戴必要的呼吸器具、救援器材。

（4）应急处置过程中，如发现有人身伤亡情况，要结合人员伤情程度，对照现场应急工作联络图，及时联系距事发点最近的医疗机构（至少两家），分别送往救治。

🔍 知识延伸

《国家电网有限公司安全事故调查规程》第 6.1 条　各单位发生事故后，事故现场有关人员应当立即向本单位现场负责人或者电力调度机构值班人员报告。有关人员接到报告后，应当立即向本单位负责人、相关部门和安全监督部门即时报告。情况紧急时可越级报告。

《国家电网有限公司安全事故调查规程》第6.2.1条　发生人身事故，安排作业的单位、伤亡人员所在单位、事故场所运维单位等的有关人员及其单位负责人均有责任即时报告；发生基建人身事故，建设管理单位、监理单位、施工单位等的有关人员及其单位负责人均有责任即时报告。

《国家电网有限公司安全事故调查规程》第6.3.5条　每级上报的时间不得超过1小时。

《国家电网有限公司安全事故调查规程》第6.10条　任何单位和个人不得擅自发布事故信息。

模块二 输变电工程建设质量管理基础

|项目一 法律法规相关要求|

任务 1.1 班组质量管理相关法律法规要求

施工企业在施工过程中必须按照工程设计图纸和施工技术标准施工，不得擅自修改工程设计，不得偷工减料或使用不合格的建筑材料。

班组任何人对建筑工程的质量事故、质量缺陷都有权向建设行政主管部门或者其他有关部门进行检举、控告、投诉。

建筑施工企业有违反《中华人民共和国建筑法》的质量行为，构成犯罪的依法追究刑事责任。

🔍 知识延伸

《中华人民共和国建筑法》第五十八条 建筑施工企业对工程的施工质量负责。建筑施工企业必须按照工程设计图纸和施工技术标准施工，不得偷工减料。工程设计的修改由原设计单位负责，建筑施工企业不得擅自修改工程设计。

《中华人民共和国建筑法》第五十九条 建筑施工企业必须按照工程设计要求、施工技术标准和合同的约定，对建筑材料、建筑构配件和设备进行检验，不合格的不得使用。

《中华人民共和国建筑法》第六十三条 任何单位和个人对建筑工程的质量事故、质量缺陷都有权向建设行政主管部门或者其他有关部门进行检举、控告、投诉。

《中华人民共和国建筑法》第七十二条 建设单位要求建筑设计单位或者建

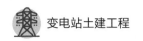

筑施工企业违反建筑工程质量、安全标准，降低工程质量的，责令改正，可以处以罚款；构成犯罪的，依法追究刑事责任。

《中华人民共和国建筑法》第七十四条 建筑施工企业在施工中偷工减料的，使用不合格的建筑材料、建筑构配件和设备的，或者有其他不按照工程设计图纸或者施工技术标准施工的行为的，责令改正，处以罚款；情节严重的，责令停业整顿，降低资质等级或者吊销资质证书；造成建筑工程质量不符合规定的质量标准的，负责返工、修理，并赔偿因此造成的损失；构成犯罪的，依法追究刑事责任。

《中华人民共和国建筑法》第八十条 在建筑物的合理使用寿命内，因建筑工程质量不合格受到损害的，有权向责任者要求赔偿。

任务 1.2　班组质量管理责任

施工单位应当建立健全质量检验制度，并按相关要求实施检验工作，对于涉及结构安全的试件应严格按要求，在建设单位或者工程监理单位监督下现场取样送检。施工单位应严格控制工序管理，做好隐蔽工程的报验、质量检查和记录。施工单位还应建立培训制度，对作业人员严格培训，作业人员经培训合格才能上岗。

发生质量事故后，根据事故性质有关部门按《建设工程质量管理条例》规定对责任单位给予处罚。发生重大工程质量事故隐瞒不报、谎报或者拖延报告期限的，对直接负责的主管人员和其他责任人员依法给予行政处分。因降低质量标准造成重大安全事故的，追究直接责任人刑事责任。

🔍 知识延伸

《建设工程质量管理条例》第二十九条 施工单位必须按照工程设计要求、施工技术标准和合同约定，对建筑材料、建筑构配件、设备和商品混凝土进行检验，检验应当有书面记录和专人签字；未经检验或者检验不合格的，不得使用。

《建设工程质量管理条例》第三十条 施工单位必须建立、健全施工质量的检验制度，严格工序管理，做好隐蔽工程的质量检查和记录。隐蔽工程在隐蔽前，施工单位应当通知建设单位和建设工程质量监督机构。

《建设工程质量管理条例》第三十一条 施工人员对涉及结构安全的试块、

试件以及有关材料，应当在建设单位或者工程监理单位监督下现场取样，并送具有相应资质等级的质量检测单位进行检测。

《建设工程质量管理条例》第三十二条　施工单位对施工中出现质量问题的建设工程或者竣工验收不合格的建设工程，应当负责返修。

《建设工程质量管理条例》第三十三条　施工单位应当建立、健全教育培训制度，加强对职工的教育培训；未经教育培训或者考核不合格的人员，不得上岗作业。

《建设工程质量管理条例》第五十二条　建设工程发生质量事故，有关单位应当在 24 小时内向当地建设行政主管部门和其他有关部门报告。对重大质量事故，事故发生地的建设行政主管部门和其他有关部门应当按照事故类别和等级向当地人民政府和上级建设行政主管部门和其他有关部门报告。

特别重大质量事故的调查程序按照国务院有关规定办理。

《建设工程质量管理条例》第五十三条　任何单位和个人对建设工程的质量事故、质量缺陷都有权检举、控告、投诉。

《建设工程质量管理条例》第六十五条　违反本条例规定，施工单位未对建筑材料、建筑构配件、设备和商品混凝土进行检验，或者未对涉及结构安全的试块、试件以及有关材料取样检测的，责令改正，处 10 万元以上 20 万元以下的罚款；情节严重的，责令停业整顿，降低资质等级或者吊销资质证书；造成损失的，依法承担赔偿责任。

《建设工程质量管理条例》第六十九条　违反本条例规定，涉及建筑主体或者承重结构变动的装修工程，没有设计方案擅自施工的，责令改正，处 50 万元以上 100 万元以下的罚款；房屋建筑使用者在装修过程中擅自变动房屋建筑主体和承重结构的，责令改正，处 5 万元以上 10 万元以下的罚款。

《建设工程质量管理条例》第七十条　发生重大工程质量事故隐瞒不报、谎报或者拖延报告期限的，对直接负责的主管人员和其他责任人员依法给予行政处分。

《建设工程质量管理条例》第一百三十七条　建设单位、设计单位、施工单位、工程监理单位违反国家规定，降低工程质量标准，造成重大安全事故的，对直接责任人员处五年以下有期徒刑或者拘役，并处罚金；后果特别严重的，处五年以上十年以下有期徒刑，并处罚金。

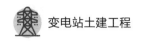

任务 1.3　输变电工程施工质量强制性措施

作业层班组在施工过程中应刚性执行质量强制性措施的要求，严格履行质量验收程序。

🔍 知识延伸

《国家电网有限公司关于进一步加强输变电工程施工质量验收管理的通知》（国家电网基建〔2020〕509号）

刚性执行质量检测要求（"五必检"）：一是铁塔组立或建（构）筑物主体结构施工前，基础混凝土强度必须进行第三方质量检测，且符合设计强度要求；二是线路架线前，地脚螺栓和铁塔螺栓紧固必须进行质量检测，且符合设计紧固力矩和防松、防卸要求；三是导地线压接必须进行质量检测，且符合技术标准和公司反事故措施要求；四是设备材料接收前，必须进行进场质量检测，且符合物资供货合同和技术标准要求；五是电气设备、电缆接头安装前，作业环境必须进行检测，且符合技术标准和施工方案要求；必须布设视频监控终端，实现作业行为远程监测。

严格履行质量验收程序（"六必验"）：一是甲供物资进场时，总监理工程师必须组织"五方"联合验收，合格后方可签证接收；二是线路基础、杆塔转序时，总监理工程必须组织分部工程验收，合格后方可转入组塔、架线阶段；三是变电土建转序时，建设单位必须组织交接验收，合格后方可转入电气安装阶段；四是电气设备内部检查时，专业监理工程师必须组织隐蔽工程验收，合格后方可进行设备封盖；五是电气设备带电前，建设单位必须组织验收，逐项核查交接试验情况，全部合格后方可开展系统调试；六是消防设施施工完毕且经建设单位自检合格后，必须报政府主管部门消防验收（备案抽查），收到验收合格意见（备案凭证）后，方可开展启动验收。

任务 1.4　质量事件等级划分及报告制度

质量事件体系由工程、物资、运检、电能、服务五类质量事件组成，分为一～八级。

事件发生后，应立即启动即时报告制度。

🔍 知识延伸

《国家电网公司关于印发〈国家电网公司质量事件调查管理办法〉的通知》（国家电网企管〔2016〕648号）质量事件体系由工程、物资、运检、电能、服务五类质量事件组成，分为一至八级。

工程质量事件是指在工程设计、施工安装、工程验收、检测调试等过程中，违反相关法律法规、制度标准、合同规定或管理要求，造成经济损失、工期延误、设计功效降低、危及电网安全运行等情况的事件。

物资质量事件是指在物资采购、制造、监造（抽检）、运输、存放、保管、验收等过程中，违反相关法律法规、制度标准、合同规定或管理要求，致使物资性能不满足既定参数标准、规范及合同有关规定，造成设备设施缺损、经济损失、危及电网安全运行等情况的事件。

违反相关法律法规、制度标准、合同规定或管理要求的表现主要包含但不限于以下情况：

（1）在物资设计、材料选用、制造、监造、运输、存放、保管、安装调试（供应商）中存在质量问题或监管缺失。

（2）物资到货未履行相应的验收手续，或验收中未能发现应发现的质量问题。

（3）物资供应进度滞后。

（4）供应商未履行合同规定的相关服务条款。

（5）物资存在批量问题或家族性缺陷。

事件发生后，经初步判断与质量原因相关，事件现场有关人员应当立即向本单位现场负责人报告。现场负责人接到报告后，应立即向本单位负责人和质量监督部门等相关人员报告。

情况紧急时，事件现场有关人员可以直接向本单位负责人报告。

质量事件报告应及时、准确、完整，任何单位、部门和个人对质量事件不得迟报、漏报、谎报或者瞒报。任何单位、部门和个人不得阻挠和干涉对质量事件的报告和调查处理。

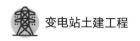

|项目二 质量管理流程|

任务 2.1 工程建设质量管理流程

工程建设质量管理流程见图 2-1。

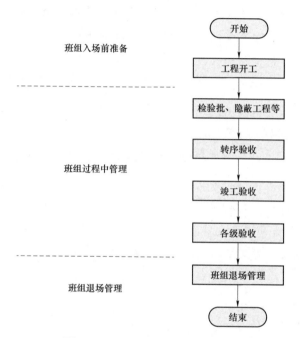

图 2-1 工程建设质量管理流程

任务 2.2 班组入场前准备

合理配置班组成员，参与方案编制及技术交底，了解参建工程质量通病及相关防治措施，熟知标准工艺及绿色施工相关要求，明确质量关键工序视频管控要求。

任务 2.3 班组过程中管理

做好原材送检、检验批自检、隐蔽工程提前告知、配合验收工作；根据项目要求落实好各项质量通病防治措施，使用典型施工方法，积极提升绿色施工智能化水平，配合做好质量关键工序视频监督检查工作。

任务 2.4　班组退场管理

班组退场前做好自检，得到管理方同意后方可退场。

|项目三　质量管理关键点|

任务 3.1　质量管理要求

明确分包合同签订时确定的工作内容及质量责任和义务（含档案资料）、工程质量目标、创优目标、质量违约责任、保修责任和期限等相关要求；通过项目部组织的交底会议，了解工程施工组织策划、创优策划、专项施工等方面的相关技术标准要求；明确参建工程质量管理流程。

任务 3.2　施工前准备

作业层班组人员有严格的准入标准，不合格人员不允许入场作业，一旦入场将进行全程信息化管理，从培训、信息上报、工资发放、违章信息方面进行全过程管控，不合格班组应及时清退。施工中应严格质量管控，前一工序验收并处理完所有缺陷，取得验收合格明确结论后，方可进入下一工序作业，严禁前一工序实体质量不合格即开展后续作业，防止因质量缺陷引发安全事故。

🔍 知识延伸

《国家电网有限公司关于全面加强基建施工作业单元管控长效机制建设的通知》（国家电网基建〔2020〕625 号）明确班组人员准入标准。对作业层班组成员分类分级管理，把好入口关，防止不合格人员入场作业。工程开工后，新入场的班组也应经核查合格后方可准入。合格的作业层班组应满足的条件包括：进场班组人员应满足准入条件，班组骨干和班组成员应相互熟悉、完成磨合，班组驻地应具备管理条件，安全防护用具、施工工机具等装备应由施工单位（或专业分包单位）足额配备并检验合格。

工程转序施工前，应按照开工准入模式和要求，对参与作业的班组（含同时实施上、下工序施工的班组）进行核查，合格后方可进入下一工序施工，确

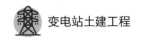

保工程转序前后作业单元始终处于受控状态。

强化转序阶段质检验收。前一工序验收并处理完所有缺陷，取得验收合格明确结论后方可进入下一工序作业，严禁前一工序实体质量不合格即开展后续作业，防止因质量缺陷引发安全事故。

任务 3.3　质量通病防治、标准工艺、绿色施工措施

班组骨干通过参与项目交底，班组成员参与班级交底，充分了解工程可能出现的质量通病，严格按照施工项目部要求进行质量通病防治，发现问题及时整改。班组在施工过程中应积极引用标准工艺，在满足行业标准的同时，精益求精，促使工程建设质量达到标准工艺标准。

🔍 **知识延伸**

严格执行工程建设标准强制性条文，全面实施标准工艺，落实质量强制措施及质量通病防治措施，通过数码照片等管理手段严格控制施工全过程的质量和工艺，及时对质量缺陷进行闭环整改。

《国家电网有限公司关于全面推进输变电工程绿色建造的指导意义》（国家电网基建〔2021〕367 号） 输变电工程绿色施工应坚持以人为本，鼓励对传统施工工艺进行绿色化升级革新，积极应用先进工法，提高机械化应用水平和应用率，改善作业条件。推进绿色施工保护环境。积极应用施工扬尘控制、封闭降水及水收集综合利用、施工噪声控制等新技术。推广应用装配化施工工艺、干式施工工法及集成模块化部品部件，优先选用绿色材料，规范废弃物处理方式。推进绿色施工节约资源。积极采用精益化施工组织方式，减少资源的消耗与浪费。减少施工现场和临时用地的地面硬化，充分利用再生材料或可周转材料。推进绿色施工智能管控。按照项目要求，应用绿色施工在线监测评价技术，以数字化的方式对施工现场各项绿色施工指标数据进行实时监测，实现自动记录、统计、分析、评价和预警。

任务 3.4　质量关键工序视频监督检查要求

设备安装调试关键环节的"可视化"作为施工单位工程开工报审的必要条件。作业层班组应配合施工单位负责落实公司各项视频管控要求，合格规范布设视频摄像头。配合视频抽查工作并对抽查问题及时整改回复。

🔍 知识延伸

《输变电工程质量视频管控工作手册》 施工单位负责落实公司各项视频管控要求，合格规范布设视频摄像头，固定式摄像头应能覆盖设备安装总体平面布置，移动式摄像机应能清晰监控作业人员、设备和机械，并保证视频信号上传稳定顺畅。每日在"e基建"日报中填写变电工程主要电气设备到货、安装、调试、投运和故障情况。配合公司、省公司级等视频抽查，对检查问题进行整改回复。

变电（电缆）工程质量视频管控重点针对35~750kV变电工程主要电气设备、110（66）kV电缆工程现场安装调试的关键环节开展视频检查，包括主变压器（含高压电抗器、换流变压器）、GIS（HGIS）、断路器、其他主设备、高压电力电缆5大类22个安装调试质量关键环节。

任务 3.5　工程过程中质量管理

班组应配合做好原材料送检工作；过程中做好检验批的自检，关键部位、关键工序施工前48h旁站告知（监理旁站方案）、隐蔽工程提前告知工作；在各级验收中，需做好质量问题的配合整改工作。

🔍 知识延伸

《国家电网有限公司关于进一步加强输变电工程施工质量验收管理的通知》（国家电网基建〔2020〕509号） 输变电工程质量验收应在施工单位施工完毕、自检合格的基础上进行，依次开展检验批验收、分项工程验收、分部工程验收和单位工程验收。所有检验批经验收合格，质量验收记录齐全、完整后，方可开展分项工程验收。所有分项工程经验收合格，质量控制资料齐全、完整后，方可开展分部工程验收。所有分部工程经验收合格，质量控制资料齐全、完整后，方可开展单位工程验收。所有单位工程经验收合格后，工程方可开展启动验收。建设单位负责单位工程验收，组织运行、勘察、设计、监理、施工、调试及物资供应管理等单位（部门）相关人员开展验收。监理单位负责分部、分项工程及检验批验收。分部工程由总监理工程师组织施工项目经理、总工等进行验收。分项工程由专业监理工程师组织施工项目总工等进行验收。检验批由专业监理工程师组织施工项目部质检员、班组负责人等进行验收。各级质量验

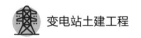

收负责人实行"实名制"备案，责任终身追溯。

各级验收人员要严格执行国网清单要求，到工程现场对实体质量进行实测实量，实时记录验收数据，确保实测实量项目完整、标准准确、过程规范及数据真实，提升质量验收水平及深度，把好质量验收出口关。建设、监理、施工单位要严格执行《输变电工程质量验收实测实量项目清单》要求，依法依规委托具有相应资质的第三方检测机构开展质量检测工作。质量检测试样的取样应在监理单位的见证下现场取样，确保其真实性。检测机构完成检测业务后，应及时提供经检测人员签字、加盖检测专用章的有效检测报告。严禁篡改、伪造或出具虚假检测报告。

隐蔽工程实施隐蔽前 48h 书面通知监理项目部对隐蔽工程进行验收。配合各级质量检查、质量监督、质量竞赛、质量验收（含消防设施）等工作，对存在的质量问题认真整改。

任务 3.6　班组退场管理

班组退场前应对合同范围内的工作做好梳理、自检，做到"工完、料尽、场地清"，确保达到工程质量标准，得到管理方同意后方可退场。

模块三　施工作业层班组标准化建设及管理

|项目一　作业层班组建设标准|

任务 1.1　班组建设标准

1. 班组基本岗位设置

原则上，班组均应设置班组负责人、班组安全员、班组技术员等岗位；现场作业人员可按专业设置高空作业、起重操作与指挥、电工、焊接、测量、机械操作（如绞磨操作、牵张机操作等）、压接作业等关键技术岗位，其余均为一般作业岗位。

2. 班组基本组织架构

班组组建应采取"班组骨干＋班组技能人员＋一般作业人员"模式，其中班组骨干为班组的负责人、安全员和技术员，班组技能人员包含核心分包人员，一般作业人员包含一般分包人员。班组在实际作业过程中，如需安排班组成员进行其他作业（如运输），班组负责人需指定作业面监护人，并在每日站班会记录中予以明确。班组负责人必须对同一时间实施的所有作业面进行有效掌控，一个班组同一时间只能执行一项三级及以上风险作业。

3. 变电班组组建原则

变电班组可由施工单位结合实际采取柔性建制模式或流水作业模式组建。

（1）变电柔性作业层班组建设原则。在同一个变电站区域内，至少应有一个班组，下设若干作业面，班组负责人需在每个作业面指定作业面监护人，并

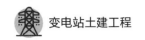

在每日站班会记录中予以明确。根据工程进度和专业施工情况，可由项目部主导对班组进行柔性整合或分建，确保所有作业点的安全质量管控。

（2）变电流水作业层班组建设原则。施工单位结合自身实际，组建稳定的成建制的专业化作业班组，如桩基作业班组、混凝土作业班组、砌筑作业班组、装修装饰作业班组、钢结构安装作业班组、电气安装一次作业班组、电气安装二次作业班组、调试作业班组等。变电站内实施流水作业，项目部组织相关专业化班组按施工进度依次进退场，完成施工作业。

🔍 思 考 题

1. 多选题：原则上作业层班组均应设置（　　）等岗位。

A. 班组负责人　　B. 班组安全员　　C. 班组技术员　　D. 班组管理员

答案：ABC

2. 判断题：班组组建应采取"班组骨干＋班组技能人员＋一般作业人员"模式。　　　　　　　　　　　　　　　　　　　　　　（　　）

答案：正确

3. 判断题：对于三级及以上的风险作业点施工，班组骨干人员无须全程到位指挥、监护。　　　　　　　　　　　　　　　　　　　　　　（　　）

答案：错误

正确答案：对于三级及以上的风险作业点施工，班组骨干人员须全程到位指挥、监护。

任务 1.2　作业层班组岗位职责

1. 班组负责人

（1）负责班组日常管理工作，对施工班组（队）人员在施工过程中的安全与职业健康负直接管理责任。

（2）负责工程具体作业的管理工作，履行施工合同及安全协议中承诺的安全责任。

（3）负责执行上级有关输变电工程建设安全质量的规程、规定、制度及安全施工措施，纠正并查处违章违纪行为。

（4）负责新进人员和变换工种人员上岗前的班组级安全教育，确保所有人经过安全准入。

（5）组织班组人员开展风险复核，落实风险预控措施，负责分项工程开工前的安全文明施工条件检查确认。

（6）掌握"三算四验五禁止"安全强制措施内容，对作业中涉及的"五禁止"内容负责。

（7）负责"e 基建"中"日一本账"计划填报；负责使用"e 基建"填写施工作业票，全面执行经审批的作业票。

（8）负责组织召开"每日站班会"，作业前进行施工任务分工及安全技术交底，不得安排未参加交底或未在作业票上签字的人员上岗作业。

（9）配合工程安全、质量事件调查，参加事件原因分析，落实处理意见，及时改进相关工作。

2. 班组安全员

（1）负责组织学习贯彻输变电工程建设安全工作规程、规定和上级有关安全工作的指示与要求。

（2）协助班组负责人进行班组安全建设，开展安全活动。

（3）掌握"三算四验五禁止"安全强制措施内容，对作业中涉及的"四验"内容负责。

（4）负责施工作业票班组级审核，监督经审批的作业票安全技术措施落实。

（5）负责审查施工人员进出场健康状态，检查作业现场安全措施落实，监督施工作业层班组开展作业前的安全技术措施交底。

（6）负责施工机具、材料进场安全检查，负责日常安全检查，开展隐患排查和反违章活动，督促问题整改。

（7）负责检查作业场所的安全文明施工状况，督促班组人员正确使用安全防护用品和用具。

（8）参加安全事故调查、分析，提出事故处理初步意见，提出防范事故对策，监督整改措施的落实。

3. 班组技术员

（1）负责组织班组人员进行安全、技术、质量及标准工艺学习，执行上级有关安全技术的规程、规定、制度及施工措施。

（2）掌握"三算四验五禁止"安全强制措施内容，对作业中涉及的"三算"内容负责。

（3）负责本班组技术和质量管理工作，组织本班组落实技术文件及施工方

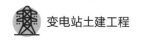

案要求。

（4）参与现场风险复测、单基策划及方案编制。

（5）组织落实本班组人员刚性执行施工方案、安全管控措施。

（6）负责班组自检，整理各种施工记录，审查资料的正确性。

（7）负责班组前道工序质量检查、施工过程质量控制，对检查出的质量缺陷上报负责人安排作业人员处理，对质量问题处理结果检查闭环，配合项目部组织的验收工作。

（8）参加质量事故调查、分析，提出事故处理初步意见，提出防范事故对策，监督整改措施的落实。

4. 班组其他人员

（1）自觉遵守本岗位工作相关的安全规程、规定，取得相应的资质证书，不违章作业。

（2）正确使用安全防护用品、工器具，并在使用前进行外观完好性检查。

（3）参加作业前的安全技术交底，并在施工作业票上签字。

（4）有权拒绝违章指挥和强令冒险作业；在发现直接危及人身、电网和设备安全的紧急情况时，有权停止作业。

（5）施工中发现安全隐患应妥善处理或向上级报告；及时制止他人不安全作业行为。

（6）在发生危及人身安全的紧急情况时，立即停止作业或者在采取必要的应急措施后撤离危险区域，第一时间报告班组负责人。

（7）接受事件调查时应如实反映情况。

思 考 题

多选题：下面属于班组一般作业人员安全责任的是（   ）。

A. 积极参加入场安全教育和班前三交，熟悉作业风险点及预控措施

B. 服从管理

C. 组织作业人员安全施工

D. 正确使用安全工器具和个人防护用品开展作业

答案：ABD

任务 1.3　驻地建设

班组驻地选择应综合考虑班组人员数量、出行距离、施工机械设备、工程车辆、工程材料用量等因素，建议与属地供电公司协商，利用闲置的供电所等资源进行建设。

班组驻地应设置办公室（会议室）、员工宿舍、员工食堂、独立区域的机具材料库房等，以满足班组日常生活、食宿和工器具堆放要求。

1. 公用活动区设置

班组驻地公用活动区悬挂工程建设目标、应急联络牌、施工风险管控动态公示牌、班组骨干人员公示牌等。

2. 办公区设置

班组驻地应设置办公室（会议室），具备办公、会议召开、班组学习等条件，场地应布置合理、整洁、基本办公设施齐全。

3. 生活区设置

（1）宿舍应保持干净、整洁、卫生，确保人员休息好、生活好；被褥、被单等床上用品可统一规格。宿舍示例如图 3-1 所示。

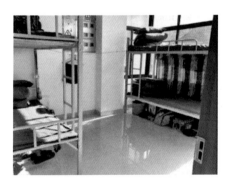

图 3-1　宿舍示例

（2）驻地生活区应设置淋浴间，提供洗浴、盥洗设施，满足班组人员的日常洗漱需求。

4. 食堂及卫生要求

（1）员工食堂应配备不锈钢厨具、餐桌椅等设施；员工食堂应干净整洁卫生，符合卫生防疫及环保要求。

（2）食堂的消防设施应重点设置，储存燃气罐应单独设置存放间或安装燃气报警系统，存放间要求通风良好。

（3）食堂工作人员须取得《健康证》后方可上岗。凡患有痢疾、伤寒、病毒性肝炎等消化道传染病以及有碍于食品卫生疾病的，不得从事食堂工作。应保持良好的个人卫生，如有咳嗽、腹泻、发烧、呕吐等疾病时，应向班组负责人请假，暂离工作岗位。

（4）食堂应对食品采购、储藏、加工、出售等重要环节进行控制，做到采购食品新鲜，无污染，储藏食品无变质，加工过程科学、卫生。确保不发生食物中毒事件。

食堂及卫生要求示例见图 3-2。

图 3-2　食堂及卫生要求示例

任务 1.4　机具堆放和管理

（1）班组应设置独立的施工工具、安全工具（含绝缘工器具、防护工器具、文明施工设施）临时摆放区域，用货架摆放整齐，定置管理，标识清楚、规范，并应有防火、防潮、防虫蛀、防损坏等可靠措施。场地条件允许的，可设置独立库房对工器具和材料进行管理。

（2）进场设备材料应按分区堆放和管理，不得随意更换位置，堆放要整齐、有序、有标识。各现场材料和工器具等应表面清洁、摆（挂）放整齐、标识齐全、稳固可靠，中、小型机具露天存放应设防雨设施。

（3）设专人管理，建立工具定期检查和预防性试验台账，做到账、卡、物相符，试验报告、检查记录齐全。每月例行检查、维护，确保工具完好，发现不合格或超试验周期的应另外存放并做出禁止使用标识。

任务 1.5　消防设施

（1）易燃易爆物品、仓库、宿舍、办公区、加工区、配电箱及重要机械设备附近，按规定配备合格、有效的消防器材，并放在明显、易取处。消防器材使用标准的架、箱，应有防雨、防晒措施，每月检查并记录检查结果，定期检验，保证处于合格状态。按照相关规定，根据消防面积、火灾风险等级设置，数量配置充足。

（2）消防设施应符合《施工现场消防安全管理条例》中相关规定，按要求配备相应的消防安全器具，确保消防设施和器材的完好有效，保持消防通道畅通。

（3）宿舍、办公用房在 $200m^2$ 以下时应配备两具 MF/ABC3 灭火器，每增加 $100m^2$ 时，增配一具 MF/ABC3 灭火器。会议室、食堂、配电房等须单独配置两具 MF/ABC3 灭火器。材料库须单独配置四具 MF/ABC3 灭火器。

（4）灭火器应设置在位置明显和便于取用的地点。灭火器的摆放应稳固，其铭牌朝外。灭火器设置在室外时，应有相应的保护措施，并在灭火器的明显位置张贴灭火器编号标牌及使用方法。

消防设施配备见图 3－3。

图 3－3　消防设施配备

思考题

1. 单选题：进场设备材料应按（　　　　）堆放和管理，不得随意更换位置，堆放要整齐、有序、有标识。

  A. 集中   B. 大小   C. 分区   D. 分散

答案：C

  2. 单选题：消防器材使用标准的架、箱，应有防雨、防晒措施，（   ）检查并记录检查结果，定期检验，保证处于合格状态。

  A. 每月   B. 每周   C. 每季度   D. 每年

答案：A

|项目二 班组日常管理|

任务2.1 作业前工作准备

1. 班组人员进（出）场管理

（1）工程开工前、班组全员到位后，班组负责人组织开展班组成员面部信息采集工作。依托"e基建"对所有班组成员与作业人员信息库进行匹配，实现手机扫脸签名（现场扫脸即可转化为电子签名）。新进班组人员必须按流程及时采集入库。未按要求完成班组成员信息关联固化的，无法参加施工作业票、站班会、日常作业及考勤。班组人员全面实施实名制管控，必须在公司统一的实名制作业人员信息库中。

（2）班组核心人员及一般作业人员如需调整，应征得项目部同意；班组骨干人员如需调整，由项目部履行变更报审手续，经监理项目部审批后，及时在系统中办理人员进出场相关手续。班组施工结束，需经项目部同意，在"e基建"中履行退场手续，否则无法在其他工程录入关联信息。

2. 入场培训

班组所有作业人员均需参加公司统一的安规准入考试，合格后方可上岗。凡增补或更换作业人员，根据其岗位，在上岗前必须通过相应安全教育考试，入场考试不合格的作业层班组人员严禁进入施工现场进行作业。

3. 进场培训

（1）班组所有作业人员均需通过岗前培训考试，准入考试不替代岗前培训考试。

（2）对工艺标准，相关安全质量事故进行学习。

（3）工程开工、转序、新班组入场前，由监理对培训情况进行核实，岗前培训考试合格的班组人员方可进场开展作业。

4. 过程培训

（1）班组全员应参加项目部组织开展安全教育培训、安全日学习、岗位练兵活动，提高自身的安全意识、安全操作技能和自我保护能力。所有作业人员应学会自救互救方法、疏散和现场紧急情况的处理，应掌握消防器材的使用方法。

（2）班组负责人组织班组全员进行安全学习，执行上级有关输变电工程建设安全质量的规程、规定、制度、安全事故及安全施工措施，并负责新进人员和变换工种人员上岗前的班组级安全教育，并记录在班组日志中。

5. 施工方案及交底

（1）班组技术员参与施工方案编写。

（2）班组骨干应参加项目部组织的安全技术及施工方案交底，清楚施工工艺、质量、安全及进度要求。

（3）班组骨干负责对班组成员施工过程的工艺、安全、质量等要求进行交底，班组级交底可通过宣读作业票实施。

思 考 题

1. 判断题：准入考试可以替代岗前培训考试。　　　　　　　　　（　　）

答案： 错误

2. 单选题：（　　　）负责新进人员和变换工种人员上岗前的班组级安全教育。

A. 安全员　　　　B. 班组负责人　　C. 安全监护人　　　D. 技术员

答案： B

3. 单选题：作业层班组开展安全活动是（　　　）1 次，检查总结、安排布置安全工作。

A. 每天　　　　　B. 每周　　　　　C. 每旬　　　　　D. 每月

答案： B

任务 2.2　作业过程管理

1. 作业计划管控

（1）班组负责人根据项目部交底、施工方案及作业指导书，结合施工安全风险复测，提前在"e基建"编制施工作业票，明确人员分工、注意事项及补充控制措施，提交流转至审核人处（A票由班组安全员、技术员审核，B票由项目部安全员、技术员审核）。

（2）施工作业票完成线上审批流程后，班组负责人需确认作业条件。确定人员、机械设备、材料均已到位，现场无恶劣天气、民事问题等干扰因素后，一般应于作业前一天在"e基建"中发起作业许可申请，报送"日一本账"计划。确认无误后，同步推送至各级管理人员"e基建"。

（3）班组负责人要全程掌握作业计划发布、执行准备和实施情况，无计划不作业，无票不作业。

（4）作业过程中如遇极端天气、民事阻挠等情况导致停工，班组负责人可在"e基建"中进行"作业延期"，同步推送各级管理人员"e基建"。

2. 作业风险管控

（1）线路班组应配备接送人员上下班的专用载人车辆（宜租用中巴车），车辆购置或租用手续应完备，司机应检查车况，确保车况良好，年检应合格有效，车上应配备灭火器。车辆使用过程中严禁人货混装，严禁超员超载。不得通过危桥及不安全路段。

（2）每日作业前，班组负责人应复核现场作业环境，确认风险无变化后根据当日作业情况填写《每日站班会及风险控制措施检查记录》，组织班组人员召开站班会，按要求开展"三交三查"，交代当日主要工作内容，明确当日作业分工，提醒作业注意事项，落实安全防护措施。交底过程全程录音存档，所有人员在"e基建"签名。

（3）每日作业前，安全员应检查现场施工设备、机具状况，确保设备、机具状况良好，接地可靠。

（4）作业过程中，班组安全员（作业面监护人）需对涉及拆除作业、超长抱杆、深基坑、索道、水上作业、反向拉线、不停电跨越、近电作业等已经发生过的事故类似作业和特殊气象环境、特殊地理条件下的作业，严格落实安全强制措施管理要求，坚决避免触碰"五条红线"及"十不干"。

（5）班组负责人应掌握"五禁止"，安全员应掌握"四验"，技术员应掌握"三算"，应对施工质量把关。

（6）作业过程中，班组安全员（作业面监护人）需对施工现场安全风险控制措施、强制措施落实情况进行复核、检查，在作业过程中纠正班组人员的违章作业行为。

（7）三级及以上风险作业现场，班组负责人需全程到岗监督指挥，班组安全员到岗监护。

（8）三级及以上风险应实施远程视频监控，班组负责人负责按照相关规定，在合适位置设置移动远程视频监控装置。

3. 收工会及注意事项

（1）当日收工前，班组骨干组织进行自查，重点检查拉线、地锚是否牢靠，用电设备、施工工器具是否收回整理，是否做好防雨淋等保护措施；配电箱等是否已断电，杆上有无遗留可能坠落的物件，"8+2"类工况安全控制措施是否落实到位，留守看夜人员是否到位，值班棚是否牢固，是否存在煤气中毒等隐患，并对撤离人员进行清点核对（"e基建"中）。

（2）每日作业结束后，班组负责人应确认全部人员安全返回，向项目部报告安全管理情况。总结分析填写当日施工内容及进度、现场安全控制措施落实情况及次日施工安排等。

4. 安全文明施工管理

（1）班组应设置好现场安全文明施工标准化的设施，并严格按照文明施工要求组织施工。施工区域应进行围护，孔、洞应安全覆盖。

（2）发生环境污染事件后，班组负责人应立即向项目部报告，采取措施，可靠处理；当发现施工中存在环境污染事故隐患时，应暂停施工并汇报项目部。

5. 施工机械及工器具管理

（1）班组安全员负责对施工机具进行进场前检查，检查中发现有缺陷的机具应禁止使用，及时标注并向项目部申请退换。

（2）班组应建立施工机具领用及退库台账，同时建立的日常管理台账，每日作业前应进行施工机具安全检查。

（3）机械设备（包括绞磨、压接机等）严禁未经培训取证人员随意操作，不可随意拆卸、更换，严格按操作规程操作。

（4）班组负责人指定专人集中保管施工机具，负责日常维护保养，对正常磨损及自行不能保养、维修的由班组向项目部提出申请进行更换及保养。

6. 班组应急管理

（1）班组应急管理要求。

1）班组所有人员应参加应急演练，参与应急救援。施工现场应配备急救器材、常用药品箱等应急救援物资，施工车辆宜配备医药箱，并定期检查其有效期限，及时更换补充。

2）班组人员应参加项目部组织的应急管理培训，全员学习紧急救护法，会正确解脱电源，会心肺复苏法，会止血、会包扎，会转移搬运伤员，会处理急救外伤或中毒等。

（2）班组应急组织流程。

1）突发事件发生后，班组人员应立即向班组负责人报告，班组负责人立即下令停止作业，即时向项目负责人汇报突发事件发生的原因、地点和人员伤亡等情况。

2）班组负责人在项目部应急工作组的指挥下，在保证自身安全的前提下，组织应急救援人员迅速开展营救并疏散、撤离相关人员，控制现场危险源，封锁、标明危险区域，采取必要措施消除可能导致次（衍）生事故的隐患，直至应急响应结束。

3）应急救援人员实施救援时，应当做好自身防护，佩戴必要的呼吸器具、救援器材。

4）应急处置过程中，如发现有人身伤亡情况，要结合人员伤情程度，对照现场应急工作联络图，及时联系距事发点最近的医疗机构（至少两家），分别送往救治。

5）配合项目部做好相关人员的安抚、善后工作。

7. 防疫要求

（1）班组负责人组织对进场人员进行实名登记，最大限度地减少现场人员流动；对所有进入现场人员一律测量体温，发烧、咳嗽等症状者禁止进入工地，如有发烧、咳嗽等症状者立即向项目部汇报。确保做到早发现、早报告、早隔离、早处置。

（2）班组需配备齐全的疫情防控物资，包括口罩、体温检 测仪、消毒物资等，避免无防护措施施工作业情况发生。

（3）班组成员应尽快完成新冠疫苗接种工作。

🔍 思考题

1. 简答题：开展站班会"三交三查"主要指什么？

答案："三交"指交任务、交技术、交安全；"三查"是查衣着、查三宝（安全帽、安全带、安全网）、查精神状态。

2. 判断题：作业层班组骨干负责对领用的机械、工器具等进行日常维护保养，确保满足施工要求，并建立相应的施工机具管理台账。劳务分包队伍班组不得自带工具。　　　　　　　　　　　　　　　　　　　（　　）

答案： 正确

3. 单选题：班组应急救援人员实施救援时，应当做好自身防护，佩戴必要的（　　）。

A. 安全帽　　　　　　　　　　　　B. 安全带

C. 安全绳　　　　　　　　　　　　D. 呼吸器具、救援器材

答案： D

4. 简答题：当出现发热、咳嗽是应该怎么处理？

答案： 对所有进入现场人员一律测量体温，发烧、咳嗽等症状者禁止进入工地；确保做到早发现、早报告、早隔离、早处置。

5. 判断题：作业层班组如需使用船舶，应遵循水运管理部门或海事管理机构有关规定。作业层班组使用的船舶应安全可靠，船舶上应配备救生设备，并签订安全协议。　　　　　　　　　　　　　　　　　　（　　）

答案： 正确

|项 目 三　班 组 考 核 管 理|

任务 3.1　班组考核管理

1. 施工单位对班组的考核管理

施工单位要组织制订发布班组绩效考核标准、班组内部成员考核标准，分级开展考核，建立向班组倾斜的薪酬分配体系和考核激励实施细则，将绩效与收入挂钩，坚持权、责、利对等原则。

2. 项目部对班组的考核管理

施工项目部要结合工程特点，制订班组绩效考核标准，定期对班组进行绩效考核。对照考核标准进行量化考核，考核结果将作为班组骨干薪酬分配和考核激励的重要依据。

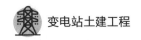

3. 考核结果的应用

班组负责人负责班组成员的绩效考核。班组负责人根据班组作业人员现场表现及违章情况，对班组成员落实人员违章积分管理，每月定期汇总积分考核情况，报送项目部。考核结果作为对班组成员薪酬分配和安全评价重要依据。

🔍 思 考 题

单选题：班组负责人根据班组作业人员现场表现及违章情况，对班组成员落实人员违章积分管理，（　　）定期汇总积分考核情况，报送项目部。

A. 每年　　　　　B. 每季度　　　　　C. 每月　　　　　D. 每周

答案：C

模块四 施工临时用电

|项目一 现场临时用电布设|

任务 1.1 临时用电

1. 临时用电管理

（1）现场布置配电设施必须由专业低压电工组织进行。

（2）配电箱、电缆及相关配件等应绝缘良好，满足规范要求。

（3）施工现场临时用电设备在 5 台及以上或设备总容量在 50kW 及以上的，应编制用电组织设计，制定安全用电和电气防火措施。

（4）用电设备必须有专用的开关箱，严禁 2 台及以上设备共用一个开关箱。

（5）施工用电设施应按批准的方案进行施工，竣工后应经验收合格方可投入使用。

（6）施工用电设施安装、运行、维护应由专业电工负责，并应建立安装、运行、维护、拆除作业记录台账。

（7）室外 220V 灯具距地面不得低于 3m，室内不得低于 2.5m。

2. 临时建筑用电布设

（1）现场办公和生活区用电布置、检修必须由专业电工进行，配线必须采用绝缘导线或电缆，严禁私拉乱接。

（2）集中使用的空调、取暖、蒸饭车等大功率电器，应与办公和生活区用电分置，并设置专用开关和线路。

（3）所有用电设备应配置空气保护开关。开关的容量应满足用电设备的要求，闸刀开关应有保护罩，不得使用熔断器。

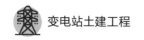

（4）在活动板房、集装箱等金属外壳内穿越的低压线路穿绝缘管保护，防止破皮漏电。活动板房、集装箱等金属外壳应可靠接地。

（5）室内非埋地明敷主干线距地面高度不得小于 2.5m。

（6）电源箱应设置在户外，并有防雨措施。

任务 1.2 配电线路布置

1. 架空线路敷设基本要求

（1）施工现场架空线必须采用绝缘导线，架设时必须使用专用电杆，严禁架设在树木、脚手架或其他设施上。

（2）低压架空线路（电缆）架设高度不得低于 2.5m；交通要道及车辆通行处，架设高度不得低于 5m。

（3）电缆中必须包含全部工作芯线和用作保护零线或保护线的芯线；需要三相四线制配电的电缆线路必须采用五芯电缆。相线的颜色标记必须符合以下规定：相线 L1（A）黄、L2（B）绿、L3（C）红、N 线淡蓝色、PE 线绿黄双色。任何情况下颜色标记严禁混用和互相代用。

2. 电缆线路敷设基本要求

（1）电缆中必须包含全部工作芯线和作为保护零线的芯线，即五芯电缆。

（2）五芯电缆必须包含淡蓝、绿/黄两种颜色绝缘芯线。淡蓝色芯线必须用作 N 线，绿/黄双色芯线必须用作 PE 线，严禁混用。

（3）电缆线路应采用埋地或架空敷设，严禁沿地面明设，并应避免机械损伤和介质腐蚀。

（4）直接埋地敷设的电缆过墙、过道、过临建设施时，应套钢管保护。

（5）电缆线路必须有短路保护和过载保护。

（6）直埋电缆敷设深度不应小于 0.7m，严禁沿地面明设敷设，应设置通道走向标志，避免机械损伤或介质腐蚀，通过道路时应采取保护措施。

（7）直埋电缆的接头应设在防水接线盒内。

任务 1.3 配电箱与开关箱的设置与使用

（1）配电系统应采用配电柜或总配电箱、分配电箱、开关箱三级配电方式。

（2）总配电箱应设在靠近电源的区域，分配电箱应设在用电设备或负荷相对集中的区域，分配电箱与开关箱的距离不得超过 30m；开关箱与其控制的固定式用电设备的水平距离不宜超过 5m,距离大于 5m 时应使用移动式开关箱(或便携式电源盘);移动式开关箱至固定式开关箱之间的引线长度不得大于 30m,且只能用绝缘护套软电缆。

(3)电动机械或电动工具应做到"一机一闸一保护"。移动式电动机械应使用绝缘护套软电缆。

(4)配电箱、开关箱(含配件)应装设端正、牢固。固定式配电箱、开关箱的中心点与地面的垂直距离应为 1.0~1.6m。移动式配电箱、开关箱应装设在坚固、稳定的支架上,其中心点与地面的垂直距离宜为 0.8~1.6m。

(5)配电箱、开关箱的电源进线端,严禁采用插头和插座进行活动连接。移动式配电箱、开关箱进、出线的绝缘不得破损。

(6)一、二级配电箱必须加锁,配电箱附近应配备消防器材。

(7)用电设备的电源引线长度不得大于 5m,长度大于 5m 时,应设移动开关箱。

(8)配电室和现场的配电柜或总配电箱、分配电箱应配锁具。

(9)箱体内应配有接线示意图,并标明出线回路名称。

(10)箱门应标注"有电危险"警告标志及电工姓名、联系电话,总配电箱、分配电箱附近应配置干粉式灭火器。

(11)高压配电设备、线路和低压配电线路停电检修时,应装设临时接地线,并应悬挂"禁止合闸、有人工作!"或"禁止合闸、线路有人工作!"的安全标示牌。

(12)送电操作顺序:总配电箱→分配电箱→末级配电箱。

(13)停电操作顺序:末级配电箱→分配电箱→总配电箱。但在配电系统故障的紧急情况下可以除外。

模块五 土 方 工 程

|项目一 定位及高程控制|

任务 1.1 场地标高及基准点复核

场地标高及基准点的复核任务是将建筑物、构筑物的平面位置和高程，按照设计的要求，以一定的精度测设到实地上，作为施工的依据，并在施工中进行一系列的测量工作。

1. 使用的仪器

（1）水准仪：根据水准测量原理测量地面点间高差的仪器。

（2）经纬仪：根据测角原理设计的测量水平角和竖直角的仪器。经纬仪是测量任务中用于测量角度的精密测量仪器，可以用于测量角度、工程放样以及粗略的距离测取。

（3）全站仪：即全站型电子速测仪，是集水平角、垂直角、距离（斜距、平距）、高差测量功能于一体的测绘仪器系统。

2. 施工场地平面控制

施工场地平面控制的形式主要有导线、建筑基线和建筑方格网等几种形式。

任务 1.2 建（构）筑物基槽灰线

建筑物基槽放线是根据房屋主轴线控制点，首先将外墙轴线的交点用木桩侧设在地面上，并在桩顶钉上铁钉作为标志。房屋外墙轴线测定以后，再根据建筑物平面图，将内部开间所有轴线都一一测出。最后根据边坡系数计算的开挖密度在中心轴线两侧用石灰在地面上撒出基槽开挖边线。同时在房屋四周设置龙门板，以便于基础施工时复核轴线位置。

（1）造成土壁塌方的原因有：① 基坑（槽）开挖较深，边坡过陡，使土体本身的稳定性不够，而引起塌方现象，尤其是土质差、开挖深、大的坑槽中，常会遇到这种情况；② 在有地表水、地下水作用的土层开挖基坑（槽）时，未采取有效的降、排水措施，使土层湿化，黏聚力降低，在重力作用下失去稳定而引起塌方；③ 边坡顶部堆载过大，或受车辆、施工机械等外力振动影响，使边坡土体中所产生的剪应力超过土体的抗剪强度而导致塌方。

（2）为了防止塌方，保证施工安全，在基坑（槽）开挖深度超过一定限度时，土壁应做成有斜率的边坡，或者对土壁进行支护以保持边坡土壁的稳定。

（3）当无地下水时，在天然湿度的土中开挖基坑，可做成直立壁而不放坡，但开挖深度不宜超过下列数值：

密实、中密的砂土和碎石类土（充填物为砂土）：1.0m。

硬塑、可塑的粉土及粉质黏土：1.25m。

硬塑、可塑的黏土和碎石类土（充填物为黏性土）：1.5m。

坚硬的黏土：2.0m。

（4）当挖方深度大于上述数值时应放坡。在地质条件良好、土质均匀且地下水位低于基坑（槽）或管沟底面标高时，挖方深度在 5m 以内不加支撑的边坡，其坡度应符合表 5-1 的规定。黏性土的边坡可陡些，砂性土的边坡则应平缓些。井点降水时边坡可陡些（1:0.33～1:0.7），明沟排水则应平缓些。如果开挖深度大、施工时间长、坑边有停放机械等情况，边坡应平缓些。

表 5-1　　　　　　　　边 坡 放 坡 坡 度

土的类别	边坡坡度（高:宽）		
	坡顶无荷载	坡顶有静载	坡顶有动载
中密的砂土	1:1.00	1:1.25	1:1.50
中密的碎石类土	1:0.75	1:1.00	1:1.25
硬塑的粉土	1:0.67	1:0.75	1:1.00
中密的碎石类土	1:0.50	1:0.67	1:0.75
硬塑的粉质黏土	1:0.33	1:0.50	1:0.67
黄土	1:0.10	1:0.25	1:0.33
软土（经井点降水后）	1:1.00		

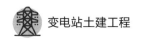

|项目二　土　方　开　挖|

任务 2.1　施工降水与排水

　　基坑施工有时会遇上雨季，或遇有地下水，特别是流砂，施工较复杂，因此事先应拟订施工方案，着重解决基坑排水与降水等问题，同时要注意防止边坡塌方。

　　开挖底面低于地下水位的基坑时，地下水会不断渗入坑内。雨季施工时，地面水也会流入坑内。如果流入坑内的水不及时排走，不但使施工条件恶化，而且更严重的是土被水软化后，会造成边坡塌方和坑底土的承载能力下降。因此，在基坑开挖前和开挖时，应做好排水工作，保持土体干燥。基坑排水方法可分为明排水法和人工降低地下水位法两类。

　　1. 明排水法

　　明排水法是在基坑开挖过程中，在坑底设置集水井，并沿坑底的周围或中央开挖排水沟，使水流入集水井中，然后用水泵抽走。抽出的水应予引开，以防倒流。雨季施工时，应在基坑四周或水的上游开挖截水沟或修筑土堤，以防地面水流入坑内。集水井应设置在基础范围以外、地下水走向的上游。根据地下水量大小、基坑平面形状及水泵能力，每隔 20～40m 设置一个集水井。集水井的直径或宽度一般为 0.6～0.8m。集水井井底深度随着挖土的加深而加深，要经常低于挖土面 0.7～1.0m。井壁可用竹、木等简易加固。当基坑挖至设计标高后，井底铺设碎石滤水层，以免在抽水时间较长时将泥砂抽出，并防止井底的土被搅动。明排水法由于设备简单和排水方便，应用较为普遍。宜用于粗粒土层（因为水流虽大但土粒不致被带走），也用于渗水量小的黏性土。当土为细砂和粉砂时，地下水渗出会带走细粒，发生流砂现象，边坡坍塌、附近建筑物沉降、坑底凸起、难以施工，具有较大的危害。

　　2. 人工降低地下水位法

　　人工降低地下水位，就是在基坑开挖前，预先在基坑四周埋设一定数量的滤水管（井），利用抽水设备从中抽水，使地下水位降落到坑底以下，同时在基坑开挖过程中仍不断抽水。这样，可使所挖的土始终保持干燥状态，从根本上防止流砂发生，改善了工作条件，同时土内水分排出后，边坡可改陡，以减小挖土量。

　　人工降低地下水位方法包括轻型井点、喷射井点、管井井点、深井井点以及电渗井点等，可根据土的渗透系数、降低水位的深度、工程特点及设备条件等进行选择，各类井点降水法一览表见表 5-2。其中，以轻型井点应用较广。

表 5-2　　　　　　　　　各类井点降水法一览表

序号	井点类别	土的渗透系数（m/d）	降低水位深度（m）
1	单级轻型井点	0.1～50	3～6
2	多级轻型井点	0.1～50	视井点级数定
3	电渗井点	<0.1	选用井点确定
4	管井井点	20～200	3～5
5	喷射井点	0.1～2	8～20
6	深井井点	10～250	>15

3. 施工降水相关安全措施

　　（1）排水的安全措施。施工前应做好施工区域内临时排水系统的总体规划，并注意与原排水系统相适应。临时性排水设施应尽量与永久性排水设施相结合。山区施工应充分利用和保护自然排水系统和山地植被，如需改变原排水系统时，应取得有关单位同意。临时排水不得破坏附近建筑物或构筑物的地基和挖、填方的边坡，并注意不要损害农田、道路。在山坡地区施工，应尽量按设计要求先做好永久性截水沟，或设置临时截水沟，阻止山坡水流入施工场地。沟底应防止渗漏。在平坦地区施工，可采用挖临时排水沟或筑土堤等措施，阻止场外水流入施工场地。临时排水沟和截水沟的纵向坡度、横断面、边坡坡度和出水口应符合下列要求：① 纵向坡度应根据地形确定，一般不应小于 3‰，平坦地区不应小于 2‰，沼泽地区可减至 1‰；② 横断面应根据当地气象资料，按照施工期间最大流量确定；③ 边坡坡度应根据土质和沟的深度确定，一般为 1:0.7～1:1.5，岩石边坡可适当放陡；④ 出水口应设置在远离建筑物或构筑物的低洼地点，并应保证排水畅通，排水暗沟的出水口处应防止冻结。必要时临时排水沟在下列地段或部位应对沟底和边坡采取临时加固措施、土质松软地段，流速较快、可能遭受冲刷地段，地面水汇集流入沟内的部位、出水口处。

　　在地形、地质条件复杂（如山坡陡峻、地下有溶洞、边坡上有滞水层或坡

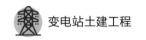

脚处地下水位较高等），有可能发生滑坡、坍塌的地段挖方时，应根据设计单位确定的方案进行排水。

（2）降低地下水位的安全要求。开挖低于地下水位的基坑（槽）、管沟和其他挖方时，应根据施工区域内的工程地质、水文地质资料、开挖范围和深度，以及防坍防陷防流砂的要求，分别选用集水坑降水、井点降水或两者结合降水等措施降低地下水位，施工期间应保证地下水位经常低于开挖底面0.5m。基坑顶四周地面应设置截水沟。坑壁（边坡）处如有阴沟或局部渗漏水时，应设法堵截或引出坡外，防止边坡受冲刷而坍塌。

1）采用集水坑降水时，应符合下列要求：

a. 根据现场地质条件，应能保持开挖边坡的稳定。

b. 集水坑和集水沟一般应设在基础范围以外，防止地基土结构遭受破坏，大型基坑可在中间加设小支沟与边沟连通。

c. 集水坑应比集水沟、基坑底面深一些，以利于集排水。

d. 集水坑深度以便于水泵抽水为宜，坑壁可用竹筐、钢筋网外加碎石过滤层等方法加以围护，防止堵塞抽水泵。

e. 排泄从集水坑抽出的泥水时，应符合环境保护要求。

f. 边坡坡面上如有局部渗出地下水时，应在渗水处设置过滤层，防止土粒流失，并应设置排水沟，将水引出坡面。

g. 土层中如有局部流砂现象，应采取防止措施。

2）采用井点降水时，应根据含水层土的类别及其渗透系数、要求降水深度、工程特点、施工设备条件和施工期限等因素进行技术经济比较，选择适当的井点装置。

降水前，应考虑在降水影响范围内的已有建筑物和构筑物可能产生附加沉降、位移或供水井水位下降，以及在岩溶土洞发育地区可能引起的地面塌陷，必要时应采取防护措施。在降水期间，应定期进行沉降和水位观测并做记录。

在第一个管井井点或第一组轻型井点安装完毕后，应立即进行抽水试验，如不符合要求时，应根据试验结果对设计参数的适当调整。

采用真空泵抽水时，管路系统应严密，确保无漏水或漏气现象，经试运转后，方可正式使用。

降水期间，应经常观测并记录水位，以便发现问题及时处理。

井点降水工作结束后所留的井孔，必须用砂砾或黏土填实。如井孔位于建筑物或构筑物基础以下，且设计对地基有特殊要求时，应按设计要求回填。

在地下水位高而采用板桩作支护结构的基坑内抽水时，应注意因板桩的变形、接缝不密或桩端处透水等原因而渗水量大的可能情况，必要时应采取有效措施堵截板桩的渗漏水，防止因抽水过多使板桩外的土随水流入板桩内，从而掏空板桩外原有建（构）筑物的地基，危及建（构）筑物的安全。

开挖采用平面封闭式地下连续墙作支护结构的基坑或深基坑之前，应尽量将连续墙范围内的地下水排除，以利于挖土。发现地下连续墙有夹泥缝或孔洞漏水的情况，应及时采取措施加以堵截补漏，以防止墙外泥（砂）水涌入墙内、危及墙外原有建（构）筑物的基础。

任务 2.2　基坑支护

基坑支护是指为保证地下结构施工及基坑周边环境的安全，对基坑侧壁及周边环境采用的支挡。

1. 坑壁支护

（1）坑槽开挖时设置的边坡符合安全要求。坑壁支护的做法以及对重要地下管线的加固措施必须符合专项施工方案和基坑支护结构设计方案的要求。

（2）支护设施产生局部变形，应会同设计人员提出方案并及时采取相应的措施进行调整加固。

2. 坑边荷载

（1）基坑边堆土、料具堆放的数量和距基坑边的距离等，应符合有关规定和施工方案的要求。

（2）机械设备施工与基坑（槽）边距离不符合有关要求时，应根据施工方案对机械施工作业范围内的基坑壁支护、地面等采取有效措施。

（3）上下通道。

1）基坑施工必须有专用通道供作业人员上下。

2）设置的通道，在结构上必须牢固可靠，数量、位置满足施工要求并符合有关安全防护规定。

3. 土方开挖

（1）施工机械应由企业安全管理部门检查验收后进场作业，并有验收记录。

（2）施工机械操作人员应按规定进行培训考核，持证上岗，熟悉本工种安

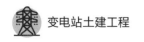

全技术操作规程。

（3）施工作业时，应按施工方案和规程挖土，不得超挖、破坏基底土层的结构。

（4）机械作业位置应稳定、安全，在挖土机作业半径范围内严禁人员进入。

4. 监测

基坑支护结构应按照方案进行变形监测，并有监测记录。对毗邻建筑物和重要管线、道路应进行沉降观测，并有观测记录。

基坑支护工程监测包括支护结构检测和周围环境监测。

（1）支护结构监测包括对围护墙侧压力、弯曲应力和变形的监测；对支撑锚杆的轴力、弯曲应力监测；对腰梁（围檩）轴力、弯曲应力的监测；对立柱沉降、抬起的监测。

（2）周围环境的监测包括邻近建筑物的沉降和倾斜的监测、地下管线的沉降和位移监测、坑外地形的变形监测等。

5. 作业环境

（1）基坑内作业人员应有稳定、安全的立足处。

（2）垂直、交叉作业时，应设置安全隔离防护措施。

（3）夜间或光线较暗的施工应设置足够的照明，不得在一个作业场所只装设局部照明。

6. 各类基坑支护的适用范围

（1）放坡开挖。放坡开挖适用于周围场地开阔，周围无重要建筑物，只要求稳定，位移控制无严格要求，成本低，回填土方较大。

（2）水泥土桩墙。水泥土桩墙是深基坑支护的一种，依靠其本身自重和刚度保护基坑土壁安全。一般不设支撑，特殊情况下经采取措施后可局部加设支撑。水泥土桩墙分深层搅拌水泥土桩墙和高压旋喷桩墙等类型，通常呈格构式布置。水泥土桩墙的适用范围为：基坑侧壁安全等级宜为二、三级；水泥土桩施工范围内地基土承载力不宜大于 150kPa；基坑深度不宜大于 6m。

（3）槽钢钢板桩。槽钢钢板桩是一种简易的钢板桩围护墙，由槽钢正反扣搭接或并排组成。槽钢长 6～8m，型号由计算确定。其特点为：① 槽钢具有良好的耐久性，基坑施工完毕回填土后可将槽钢拔出回收再次使用；② 施工方便，工期短；③ 不能挡水和土中的细小颗粒，在地下水位高的地区需采取隔水或降水措施；④ 抗弯能力较弱，多用于深度不大于 4m 的较浅基坑或沟槽，顶部宜设置一道支撑或拉锚；⑤ 支护刚度小，开挖后变形较大。

（4）钢筋混凝土板桩。钢筋混凝土板桩具有施工简单、现场作业周期短等特点，曾在基坑中广泛应用，但由于钢筋混凝土板桩的施打一般采用锤击方法，振动与噪声大，同时沉桩过程中挤土也较为严重，在城市工程中受到一定限制。此外，其制作一般在工厂预制，再运至工地，成本较灌注桩等略高。但由于其截面形状及配筋对板桩受力较为合理并且可根据需要设计，可制作厚度较大（如厚度达 500mm 以上）的板桩，并有液压静力沉桩设备，故在基坑工程中仍是支护板墙的一种使用形式。

（5）钻孔灌注桩。钻孔灌注桩围护墙是排桩式中应用最多的一种，在我国得到广泛的应用，多用于坑深 7～15m 的基坑工程，在我国北方土质较好地区已有 8～9m 的臂桩围护墙。钻孔灌注桩支护墙体的特点有：① 施工时无振动、噪声，无挤土现象，对周围环境影响小；② 墙身强度高，刚度大，支护稳定性好，变形小；③ 当工程桩也为灌注桩时，可以同步施工，有利于组织、方便、工期短。

（6）锚杆及土钉墙支护。锚杆及土钉墙是由天然土体通过土钉墙就地加固，并与喷射混凝土面板相结合，形成一个类似重力挡墙以此来抵抗墙后的土压力，从而保持开挖面的稳定，这个土挡墙称为土钉墙。土钉墙是通过钻孔、插筋、注浆来设置的，一般称为砂浆锚杆，也可以直接打入角钢、粗钢筋形成土钉。土钉墙的做法与矿山加固坑道用的喷锚网加固岩体的做法类似，故也称为喷锚网加固边坡或喷锚网挡墙。土钉墙在变电站建设中应用较多，土层锚杆构造见图 5-1。

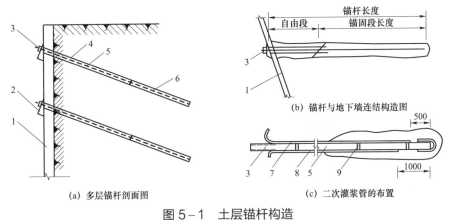

(a) 多层锚杆剖面图　　　(b) 锚杆与地下墙连结构造图　　　(c) 二次灌浆管的布置

图 5-1　土层锚杆构造

1—墙结构；2—锚头垫座；3—锚头；4—钻孔；5—锚拉杆；6—锚固体；
7—一次灌浆管；8—二次灌浆管；9—定位器

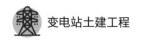

任务 2.3　地基验槽

地基验槽是由建设单位组织勘察单位、设计单位、施工单位、监理单位共同检查验收地基是否满足设计、规范等有关要求，是否与地质勘查报告中土质情况相符的验收行为。包括基坑（槽）、基地开挖到设计标高后，应进行工程地质检验，并做好隐蔽记录。

1. 验槽的主要内容

不同建筑物对地基的要求不同，基础形式不同，验槽的内容也不同，主要有以下几点：

（1）根据设计图纸检查基槽的开挖平面位置、尺寸、槽底深度。检查是否与设计图纸相符，开挖深度是否符合设计要求。

（2）仔细观察槽壁、槽底土质类型、均匀程度和有关异常土质是否存在，核对基坑土质及地下水情况是否与勘察报告相符。

（3）检查基槽之中是否有旧建筑物基础、古井、古墓、洞穴、地下掩埋物及地下人防工程等。

（4）检查基槽边坡外缘与附近建筑物的距离，基坑开挖对建筑物稳定是否有影响。

（5）检查核实分析钎探资料，对存在的异常点位进行复核检查。

2. 验槽方法

验槽方法通常主要采用观察法为主，而对于基底以下的土层不可见部位，要先辅以钎探法配合共同完成。

|项目三　土　方　回　填|

任务 3.1　土方填筑与压实

建筑工程的填土，主要有地基填土、基坑（槽）或管沟回填、室内地坪回填、室外场地回填平整等。对地下设施工程（如地下结构物、沟渠、管线沟等）的两侧或四周及上部的回填土，应先对地下工程进行各项检查，办理验收手续后方可回填。

1. 填土选择与填筑顺序

为了保证填土工程的质量，必须正确选择土料和填筑方法。级配良好的砂土或碎石土、爆破石渣、性能稳定的工业废料及含水量符合压实要求的黏性土可作为填方土料。建筑垃圾、杂物、淤泥、冻土、膨胀性土及有机物含量大于5%的土，以及硫酸盐含量大于5%的土均不能作为填土。含水量大的黏土不宜做填土用。以粉质黏土、粉土作为填料时，其含水量宜为最优含水量，可采用击实试验确定。挖高填低或开山填沟的土料和石料，应符合设计要求。填方应尽量采用同类土填筑。如果填方中采用两种透水性不同的填料时，应分层填筑，上层宜填筑透水性较小的填料，下层宜填筑透水性较大的填料。各种土料不得混杂使用，以免填方内形成水囊。

填方施工应接近水平地分层填土、分层压实，每层的厚度根据土的种类及选用的压实机械而定。应分层检查填土压实质量，符合设计要求后，才能填筑土层。当填方位于倾斜的地压实填土的施工缝各层应错开搭接，在施工缝的搭接处，应适当增加压实遍数。

2. 填土压实方法

填土压实方法有碾压法、夯实法和振动压实法。

（1）碾压法。碾压法是利用机械滚轮的压力压实土壤，使之达到所需的密实度。碾压机械有平碾及羊足碾等。平碾（光碾压路机）是一种以内燃机为动力的自行式压路机，质量为6～15t。羊足碾单位面积的压力比较大，土壤压实的效果好。羊足碾一般用于碾压黏性土，不适于砂性土，因在砂土中碾压时，土的颗粒受到羊足碾较大的单位压力后会向四面移动而使土的结构破坏。

松土碾压宜先用轻碾压实，再用重碾压实。碾压机械压实填方时，行驶速度不宜过快，一般平碾不应超过2km/h。羊足碾不应超过3km/h。

（2）夯实法。夯实法是利用夯锤自由下落的冲击力来夯实土壤，土体孔隙被压缩，土粒排列得更加紧密。人工夯实所用的工具有木夯、石夯等。机械夯实常用的有内燃夯土机和蛙式打夯机和夯锤等。夯锤是借助起重机悬挂一重锤，提升到一定高度，自由下落，重复夯击基土表面。夯锤质量为1.5～3t，落距为2.5～4m。还有一种强夯法是在重锤夯实法的基础上发展起来的，质量为8～30t，落距为6～25m，其强大的冲击能可使地基深层得到加固。强夯法适用于黏性土、湿陷性黄土、碎石类填土地基的深层加固。

（3）振动压实法。振动压实法是将振动压实机放在土层表面，在压实机振动作用下，土颗粒发生相对位移而达到紧密状态。振动碾是一种振动和碾压同时作用的高效能压实机械，比一般平碾提高功效 1～2 倍，可节省动力 30%。用这种方法振实填料为爆破石渣、碎石类土、杂填土等非黏性土效果较好。

任务 3.2　回填土质量验收

回填土的质量验收是控制回填土质量的重要手段，是保证工程地基施工水平的重要步骤，在地基工程施工过程中，回填土的质量验收至关重要。

1. 回填土质量控制

填土压实质量与许多因素有关，主要影响因素为压实功、含水量以及铺土厚度。

（1）压实功的影响。填土压实后的干密度与压实机械在其上施加的功有一定的关系。在开始压实时，土的干密度急剧增加，待到接近土的最大干密度时，压实功虽然增加许多，而土的干密度几乎没有变化。因此，在实际施工中，不要盲目过多地增加压实遍数。填方每层铺土厚度与压实遍数见表 5-3。

表 5-3　　　　　　　　　　　填方每层铺土厚度与压实遍数

压实机具	层铺土厚度（mm）	压实遍数
平碾	250～300	6～8
振动压路机	250～350	3～4
柴油打夯	200～250	3～4
人工夯实	<200	3～4

（2）含水量的影响。在同一压实功条件下，填土的含水量对压实质量有直接影响。较为干燥的土，由于土颗粒之间的摩阻力较大，因而不易压实。当土具有适当含水量时，水起了润滑作用，土颗粒之间的摩阻力减小，从而易压实。各种土壤都有其最佳含水量。土在这种含水量条件下，使用同样的压实功进行压实，可得到最大干密度。各种土的最佳含水量和所能获得的最大干密度，可由击实试验取得。

（3）铺土厚度的影响。土在压实功能的作用下，压应力随深度增加而逐渐减小，其影响深度与压实机械、土的性质和含水量等有关。铺土厚度应小于压实机械压土时的作用深度，但其中还有最优土层厚度问题：铺得过厚，要压很多遍才能达到规定的密实度；铺得过薄，则也要增加机械的总压实遍数。恰当的铺土厚度能使土方压实而机械的功耗费最少。

2. **回填土取样试验**

（1）依据《建筑地基基础工程施工质量验收规范》（GB 50202）和《建筑地基基础设计规范》（GB 50007），在压实填土的过程中，应分层取样检验土的干密度和含水量。每 50～100m² 内应有一个检验点，根据检验结果求得压实系数。

（2）依据《建筑地基处理技术规范》（JGJ 79），当取土样检验垫层的质量时，对大基坑每 50～100m² 应不少于 1 个检验点。对基槽每 10～20m 应不少于 1 个点。每单独柱基应不少于 1 个点。

模块六 钢 筋 工 程

|项目一 钢筋识图及翻样|

钢筋配料是钢筋加工成型之前一项很重要的工作。它是根据施工图，分别计算出每种编号钢筋的下料长度和数量，填写配料单，申请加工。

钢筋因弯曲或弯钩会使其长度变化，在配料时不能直接根据图纸尺寸下料。必须先了解对混凝土保护层、钢筋弯钩和弯折规定，再根据图中尺寸计算其下料长度。

（1）混凝土保护层厚度是指最外层筋的外缘至混凝土构件表面的距离。其作用是保护钢筋不受锈蚀，保护层厚度应符合设计要求。

（2）受力钢筋的弯钩和弯折。

1）HPB300 级钢筋末端应做 180° 弯钩，其弯弧内直径不应小于钢筋直径的 2.5 倍，弯钩的弯后平直部分长度不应小于钢筋直径的 3 倍。

2）当设计要求钢筋末端需做 135° 弯钩时，HRB400 级、HRB500 级、HRB600 级钢筋的弯弧内直径不应小于钢筋直径的 4 倍，弯钩的弯后平直部分长度应符合设计要求。

3）钢筋做不大于 90° 的弯折时，弯折处的弯弧内直径不应小于钢筋直径的 5 倍。

（3）箍筋弯钩的形式。

1）箍筋弯钩的弯弧内直径除应满足上述受力钢筋的弯钩和弯折的规定外，还应不小于受力钢筋直径。

2）箍筋弯钩的弯折角度：对于一般结构，不应小于 90°；对于有抗震等特殊要求的结构，应为 135°。

3）箍筋弯后平直部分长度：对一般结构，不宜小于箍筋直径的 5 倍；对有抗震等要求的结构，不应小于箍筋直径的 10 倍。

|项目二　钢筋加工与安装|

任务 2.1　钢筋加工

钢筋加工包括除锈、调直、切断、弯曲等工艺。随着施工技术的发展，钢筋加工已逐步实现机械化和工厂化。

1. 钢筋除锈

为保证钢筋与混凝土之间的握裹力，在钢筋使用前，应将其表面的油渍、漆污、铁锈等清除干净。钢筋除锈的方法有：① 在钢筋冷拉或调直过程中除锈，这对大量钢筋除锈较为经济；② 采用电动除锈机除锈，对钢筋局部除锈较为方便；③ 采用手工除锈（用钢丝刷、砂盘）、喷砂和酸洗除锈等。

2. 钢筋调直

调直粗钢筋还可采用锤直和扳直的方法。直径为 4～14mm 的钢筋可采用调直机进行调直。

3. 钢筋切断

钢筋下料时必须按下料长度切断。钢筋切断可采用钢筋切断机或手动切断器。后者一般切断直径小于 12mm 的钢筋。前者可切断 40mm 的钢筋。大于 40mm 的钢筋常用氧乙炔焰或电弧割切或锯断。钢筋的下料长度应力求准确，其允许偏差为 +10mm。

4. 钢筋弯曲

钢筋下料后，要根据图纸要求弯曲成一定的形状。根据弯曲设备的特点及工地习惯进行划线，以便弯曲成规定的（外包）尺寸。当弯曲形状比较复杂的钢筋时，可先放出实样，再进行弯曲。第一根钢筋弯曲成型后，与配料表进行复核，符合要求后，再成批加工，对于复杂的弯曲钢筋，宜先弯一根，经过试组装后方可成批弯制。

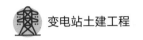

5. 钢筋加工安全措施

（1）钢筋加工必须在规定的地点进行，并将四周围起，无关人员不得逗留。

（2）操作地点应铺设木板，以防触电。

（3）各种操作台均应牢固稳定，工作地点应保持整洁。

（4）机械必须有专人负责管理，定期检修，保持完好。不得超负荷使用。非指定人员严禁开动机器。

（5）工作时应将裤脚袖口扎好，并穿戴应有的劳保用品。酒后或病中严禁操作机械。

（6）工作前应对使用的机械工具进行详细的全面检查，及时维修，以防操作时发生质量和安全事故。

（7）一切电动机械，必须先接好零线，并检查没有漏电现象后，方准使用。

（8）机械的传动皮带、飞轮和其他传动部分，都应设置防护罩。

（9）室外的电开关箱，应设防雨罩。雨天合闸应戴胶皮手套。不用时应锁箱门。不得在电开关箱内存放杂物。

（10）搬运钢筋时，应戴好垫肩，将道路上的障碍物清理干净。抬运时应前后呼应动作一致。

（11）运输途中必须注意电线，防止触电。

（12）拔丝车间内堆放原料或成品的地点，应离开机器和旋转架 2m 以外。

（13）拉直盘圆钢筋时，为防止盘圆的末端脱落伤人，应设置挡拦措施。

（14）使用机械切断时，必须防止断头蹦出伤人。应根据实际情况，设置保护罩。切断机处严禁无关人员靠近。并应经常检查切刀螺栓的松紧，以保证安全使用。

任务2.2 钢筋安装

钢筋的绑扎与安装是钢筋工程最后的工序，钢筋的安设方法有两种：① 将钢筋骨架在加工厂制作好，再运到现场安装，称为整装法；② 加工好的散钢筋运到现场，再逐根绑扎安装，称为散装法。下文重点介绍钢筋的绑扎安装。

1. 钢筋绑扎安装准备工作

（1）在钢筋绑扎和安装之前，应先熟悉施工图纸，核对成品钢筋的牌号、直径、形状、尺寸和数量是否与配料单、料牌相符，研究钢筋安装和有关工种的配合顺序，装备绑扎用的铁丝、绑扎工具、绑扎架等。

（2）钢筋骨架的绑扎和模板架设的工序搭接关系是：柱子一般先绑扎成型钢筋骨架后架设模板；梁一般是先架设梁底模板，然后在模板上绑扎钢筋骨架；现浇楼板一般是模板安装后，在模板上绑扎钢筋网片；墙是在钢筋网片绑扎完毕并采取临时固定措施后，架设模板。

2. 钢筋绑扎流程

钢筋绑扎流程是：划线—摆筋—穿箍—绑扎—安放垫块等。划线时应注意间距、数量，表明加密箍筋的位置。板类构件摆筋顺序一般先排主筋后排负筋。梁类构件一般先摆纵筋。摆放有焊接接头和绑扎接头的钢筋应符合规范规定。有边截面的箍筋，应事先将箍筋排列清除，然后安装纵向钢筋。

3. 钢筋绑扎要求

（1）钢筋的交点须用铁丝扎牢。

（2）绑扎板和墙的钢筋网片时，除靠近外边缘两行四周钢筋的相交点全部扎牢外，中间部分的相交点可相隔交错扎牢，但必须保证受力钢筋不发生位移。而对于双向受力钢筋网片则必须全部扎牢，确保所有受力钢筋的正确位置。

（3）梁和柱的箍筋绑扎，除设计有特殊要求外，应保证与梁、柱受力主钢筋垂直。箍筋弯钩叠合处，应沿受力钢筋方向错开设置。对于梁，箍筋弯钩在梁面左右错开 50%。对于柱，箍筋弯钩在柱四角相互错开。

（4）柱的竖向受力钢筋接头处的弯钩应指向柱中心，这样既有利于弯钩的嵌固，又能避免露筋。

（5）板、次梁与主梁交叉处，板的钢筋在上，次梁的钢筋居中，主梁的钢筋在下。当有梁垫或圈梁时，主梁的钢筋在上。

此外，在绑扎墙、板钢筋时，应注意受力钢筋的方向，受力钢筋与构造钢筋的上下位置不能倒置，以免减弱受力钢筋的抗弯能力。

4. 安放垫块

（1）控制混凝土的保护层可用水泥砂浆或塑料卡制成的垫块。水泥砂浆垫块的厚度应等于保护层厚度。垫块的平面尺寸，当保护层厚度等于或小于 20mm 时为 30mm×30mm。大于 20mm 时为 50mm×50mm。在垂直方向使用垫块，应在垫块中埋入 20 号铁丝，把垫块绑在钢筋上。

（2）塑料卡的形状有塑料垫块和塑料环圈两种，控制混凝土保护层用的塑料卡如图 6-1 所示。塑料垫块用于水平构件（如梁、板），在两个方向均有槽，

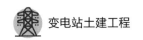

以便适应两种保护层厚度。塑料环圈用于垂直构件（如柱、墙），在两个方向具有凹槽，以便适应两种保护层厚度。塑料环圈使用时，钢筋从卡嘴进入卡腔，由于塑料环圈有弹性，可使卡腔的大小能适应钢筋直径的变化。

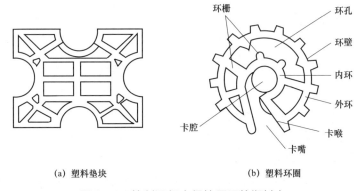

(a) 塑料垫块　　　　　　(b) 塑料环圈

图 6－1　控制混凝土保护层用的塑料卡

5. 钢筋安装质量检查

钢筋安装完毕后，应检查下列方面：

（1）根据设计图纸检查钢筋的牌号、规格、尺寸、数量是否正确，特别要注意检查负筋的位置。

（2）检查钢筋接头的位置及搭接长度、搭接数量是否符合规定。

（3）检查混凝土保护层厚度是否符合要求。

（4）检查钢筋绑扎是否牢固，有无松动变形现象。

（5）钢筋表面不允许有油渍、漆污和颗粒状（片状）铁锈。

（6）检查安装钢筋时的允许偏差是否在规范规定范围内。

钢筋工程属于隐蔽工程，在浇筑混凝土前应对钢筋及预埋件进行检查验收，并做好隐蔽工程记录。

任务 2.3　钢筋接头位置和数量控制

钢筋配料加工过程中，部分加工余料可通过连接利用。同时，在绑扎钢筋时，由于钢筋吊装、搬运、场地、工艺等条件局限也存在一定钢筋搭接问题。为保证结构受力的整体效果，钢筋必须通过一定的方式连接起来实现内力的传递和过渡。钢筋的接头不可避免，同时通过连接接头传力的性能不如整根钢筋，必须对钢筋连接接头设置相应原则。本模块重点介绍钢筋接头位置和数量控制内容。

1. 受力钢筋连接接头设置

（1）连接接头设置原则。

1）受力钢筋的连接接头宜设置在受力较小处。在同根钢筋上宜少设接头。

2）钢筋的接头宜采用机械连接接头，也可采用焊接接头和绑扎的搭接接头。

3）钢筋的机械连接接头应符合《钢筋机械连接通用技术规程》（JGJ 107）的规定。

4）钢筋焊接连接接头应符合《钢筋焊接及验收规程》（JGJ 18）。

（2）不得采用非焊接连接绑扎的搭接接头。

1）轴心受拉及偏心受拉杆件（如桁架和拱的拉杆）的纵向受力钢筋不得采用绑扎的搭接接头。

2）双面配置受力钢筋的焊接骨架不得采用绑扎的搭接接头。

3）当受拉钢筋直径大于 28mm 及受压钢筋的直径大于 32mm 时，不宜采用绑扎的搭接接头。

（3）可采用搭接连接接头如下：

1）偏心受压构件中的受拉钢筋。

2）受弯构件、偏心受压构件、大偏心受拉构件和轴心受压构件中的受压钢筋。

3）单面配置受力钢筋的焊接骨架在受力方向的连接接头。

（4）宜采用机械连接的接头。

1）直径大于 28mm 的受拉钢筋和直径大于 32mm 的受压钢筋宜采用机械连接。应根据钢筋在构件中的受力情况选用不同等级的机械连接接头。

2）机械连接接头连接件的混凝土保护层厚度宜满足受力钢筋最小保护层厚度的要求，连接件之间的横向净距不宜小于 25mm。

2. 受力钢筋接头位置要求

（1）绑扎搭接接头。同一构件中相邻纵向受力钢筋的绑扎搭接接头宜相互错开。绑扎搭接接头中钢筋的横向净距不应小于钢筋直径，且不应小于 25mm。在纵向受力钢筋搭接长度范围内应配置箍筋，其直径不应小于搭接钢筋较大直径的 0.25 倍。当钢筋受拉时，箍筋间距不应大于搭接钢筋较小直径的 5 倍，且不应大于 100mm。当钢筋受压时，箍筋间距不应大于搭接钢筋较小直径的 10

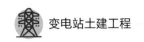
倍，且不应大于 200mm。当柱中纵向受力钢筋直径大于 25mm 时，应在搭接接头两端面外 100mm 范围内各设置 2 个箍筋，其间距宜为 50mm。

（2）焊接接头。纵向受力钢筋焊接接头应相互错开。钢筋焊接接头连接区段的长度为 35d（d 为钢筋的较大直径），且不小于 500mm，吊车梁、屋面梁及屋架下弦的纵向受拉钢筋焊接（必须采用闪光对焊）接头连接区段的长度为 45d（d 为钢筋的较大直径）。凡接头中点位于该连接区段长度内的焊接接头均属于同一连接区段。

位于同一连接区段内受力钢筋的焊接接头面积百分率，对纵向受拉钢筋接头不应大于 50%。对吊车梁、屋面梁及屋架下弦的纵向受拉钢筋接头不应大于25%。对纵向受压钢筋接头面积百分率不受限制。

承受均布荷载作用的屋面板、楼板、檩条等简支受弯构件，如在受拉区内配置的纵向受力钢筋少于 3 根时，可在跨度两端各 1/4 跨度范围内设置 1 个焊接接头。

（3）机械连接接头。纵向受力钢筋机械连接接头宜相互错开，且不宜设置在结构受力较大处。钢筋机械连接接头连接区段长度为 35d（d 为钢筋较大直径），凡接头中点位于该连接区段长度内的机械连接接头均属于同一连接区段。

在受力较大处设置机械连接接头时，位于同一连接区段内的纵向受拉钢筋接头面积百分率不宜大于 50%，纵向受压钢筋接头面积百分率不受限制。

任务 2.4 钢筋混凝土保护层检验

钢筋的混凝土保护层厚度检验的结构部位和构件数量，应符合下列要求：

（1）钢筋的混凝土保护层厚度检验的结构部位，应由建设、监理、施工等各方根据结构构件的重要性共同选定。

（2）对梁类、板类构件，应各抽取构件数量的 2%，且不少于 5 个构件进行检验。当有悬挑构件时，抽取的构件中悬挑梁类、板类构件所占比例均不宜小于 50%。

（3）对选定的梁类构件，应对全部纵向受力钢筋的混凝土保护层厚度进行检验。对选定的板类构件，应抽取不少于 6 根纵向受力钢筋的混凝土保护层厚度进行检验。对每根钢筋，应在有代表性的部分测量 1 点。

（4）钢筋的混凝土保护层厚度的检验，可采用非破损或局部破损的方法，也可采用非破损并用局部破损方法进行校准。当采用非破损方法检验时，所使用的检测仪器应经过计量检验，检测操作应符合相应规程的规定。

（5）钢筋保护层厚度检验的检测误差不应大于 1mm。

（6）钢筋的混凝土保护层厚度检验时，纵向受力钢筋保护层厚度的允许偏差，对梁类构件为+10mm/-7mm。对板类构件为+8mm/-5mm。

（7）对梁类、板类构件纵向受力钢筋的混凝土保护层厚度应分别进行验收。结构实体钢筋保护层厚度验收合格应符合下列规定：

1）当全部钢筋保护层厚度检验的合格点率为 90%及以上时，钢筋保护层厚度的检验结果应判为合格。

2）当全部钢筋保护层厚度检验的合格点率小于 90%但不小于 80%，可再抽取相同数量的构件进行检验。当按两次抽样总和计算的合格点率为 90%及以上时，钢筋保护层厚度的检验结果仍应判为合格。

3）每次抽样检验结果中不合格点的最大偏差不应大于允许偏差的 1.5 倍。

任务 2.5　钢筋隐蔽验收

在施工过程中，前道工序操作完毕后，将被后一道工序所掩盖，前道工序又涉及结构安全和使用功能效果，这类工程称为隐蔽工程。钢筋的隐蔽工程验收是钢筋工程质量控制很重要的环节。

1.钢筋工程隐蔽前应检查内容

（1）验收项目。梁、板、柱、基础等结构构件名称。

（2）附图或说明。

1）根据设计图纸，检查钢筋的牌号、规格、尺寸、数量是否正确，特别要注意检查负筋的位置。

2）检查骨架外形尺寸，其偏差是否超过规定。检查保护层厚度，构造筋是否符合构造要求。

3）检查锚固长度、箍筋加密区及加密间距。

4）检查钢筋接头，如为绑扎搭接，则要检查搭接长度，接头位置和数量（错开长度、接头百分率）。焊接接头或机械连接，要检查外观质量，取样试件力学性能试验是否达到要求，接头位置（相互错开）数量（接头百分率）。

（3）试验报告及编号。检查并填写所用材料及外加剂出厂合格证，试验报告单编号。

（4）检查验收意见。检查并填写是否符合设计要求及施工规范的规定。

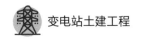

（5）参加检查有关人员复查盖章认证。

2．钢筋工程隐蔽验收记录填写

（1）材料进场使用必须严格按照材料报审程序执行。材料检验结果必须符合设计要求。

（2）检验批划分必须符合施工规范要求，检验批的评定结果应为合格，检查检验批质量验收记录。

（3）检查是否按设计变更要求进行修改，设计变更程序是否符合要求。

（4）受力钢筋的品种、规格、级别和数量必须符合设计要求。

（5）钢筋接头形式必须符合设计要求，机械连接、焊接接头必须在施工前进行工艺校验，现场接头必须按照施工规范要求抽样检验。接头位置必须符合施工规范及设计要求。

（6）保护层厚度必须符合设计要求，必须有可靠的保护层控制措施。

（7）对箍筋加密区长度、位置，锚固长度及边缘约束构件等防震构造进行说明。

|项目三 接 头 焊 接|

钢筋焊接连接是利用焊接技术将钢筋连接起来的连接方法，应用广泛。但焊接是一项专门的技术，要求对焊工进行专门培训，持证上岗。焊接施工受气候、电流稳定性影响较大。焊接质量与钢材的可焊性、焊接工艺有关，可焊性与钢筋所含碳、合金元素的比重有关，含碳、硫、硅、锰含量增加，则可焊性差，而含适量的钛可改善可焊性。焊接工艺（焊接参数与操作水平）也影响焊接质量，即使可焊性差的钢材，若焊接工艺合理，也可获得良好的焊接质量。

1．焊接方法

（1）钢筋电阻点焊。

（2）钢筋闪光对焊。

（3）钢筋电弧焊。钢筋电弧焊是以焊条作为一极，钢筋作为另一极，利用焊接电流通过的电弧热进行焊接的一种熔焊方法。

（4）钢筋电渣压力焊。钢筋电渣压力焊是将两钢筋安放成竖向对接形式，利用电流通过两钢筋端间隙，在焊剂层下形成电弧过程和电渣过程，产生电弧热和电阻热，熔化钢筋并加压完成的一种压焊方法。

（5）钢筋气压焊。钢筋气压焊是采用氧燃烧火焰将钢筋对接处进行加热，使其达到塑性温度（约 125℃）。或者达到熔化温度，加压完成的一种压焊方法。

（6）预埋件钢筋埋弧压力焊。

2. 钢筋焊接安全

（1）安全培训与人员管理应符合下列规定：

1）承担钢筋焊接工程的企业应建立健全钢筋焊接安全生产管理制度，并应对实施焊接操作和安全管理人员进行安全培训，经考核合格后方可上岗。

2）操作人员必须按焊接设备的操作说明书或有关规程，正确使用设备和实施焊接操作。

（2）焊接操作及配合人员应按下列规定并结合实际情况穿戴劳动防护用品：

1）焊接人员操作前，应戴好安全帽，佩戴电焊手套、围裙、护腿，穿阻燃工作服。穿焊工皮鞋或电焊工劳保鞋，应戴防护眼镜（滤光或遮光镜）、头罩或手持面罩。

2）焊接人员进行仰焊时，应穿戴皮制或耐火材质的套袖、披肩罩或斗篷，以防头部灼伤。

（3）焊接工作区域的防护应符合下列规定：

1）焊接设备应安放在通风、干燥、无碰撞、无剧烈振动、无高温、无易燃品存在的地方。特殊环境条件下还应对设备采取特殊的防护措施。

2）焊接电弧的辐射及飞溅范围，应设不可燃或耐火板、罩、屏，防止人员受到伤害。

3）焊机不得受潮或雨淋。露天使用的焊接设备应予以保护，受潮的焊接设备在使用前必须彻底干燥并经适当试验或检测。

4）焊接作业应在足够的通风条件下（自然通风或机械通风）进行，避免操作人员吸入焊接操作产生的烟气流。

5）在焊接作业场所应当设置警告标志。

（4）焊接作业区防火安全应符合下列规定：

1）焊接作业区和焊机周围 6m 以内，严禁堆放装饰材料、油料、木材、氧气瓶、溶解乙炔气瓶、液化石油气瓶等易燃、易爆物品。

2）除必须在施工工作面焊接外，钢筋应在专门搭设的防雨、防潮、防晒的工房内焊接。工房的屋顶应有安全防护和排水设施，地面应干燥，应有防止飞溅的金属火花伤人的设施。

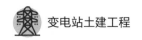

3）高空作业的下方和焊接火星所及范围内，必须彻底清除易燃、易爆物品。

4）焊接作业区应配置足够的灭火设备，如水池、沙箱、水龙带，消火栓、手提灭火器。

（5）各种焊机的配电开关箱内，应安装熔断器和漏电保护开关。焊接电源的外壳应有可靠的接地或接零。焊机的保护接地线应直接从接地极处引接，其接地电阻直不应大于4Ω。

（6）冷却水管、输气管、控制电缆、焊接电缆均应完好无损。接头处应连接牢固，无渗漏，绝缘良好。发现损坏应及时修理。各种管线和电缆不得挪作拖拉设备的工具。

（7）在封闭空间内进行焊接操作时，应设专人监护。

（8）氧气瓶、溶解乙炔气瓶或液化石油气瓶、干式回火防止器、减压器及胶管等，应防止损坏。发现压力表指针失灵，瓶阀、胶管有泄漏，应立即修理或更换。气瓶必须进行定期检查，使用期满或送检不合格的气瓶禁止继续使用。

（9）气瓶使用应符合下列规定：

1）各种气瓶应摆放稳固。钢瓶在装车、卸车及运输时，应避免互相碰撞。氧气瓶不能与燃气瓶、油类材料以及其他易燃物品同车运输。

2）吊运钢瓶时应使用吊架或合适的台架，不得使用吊钩、钢索和电磁吸盘。钢瓶使用完时，要留有一定的余压力。

3）钢瓶在夏季使用时要防止暴晒，冬季使用时如发生冻结、结霜或出气量不足时，应用温水解冻。

｜项目四　钢筋加工及安装｜

1. 钢筋加工

展开盘圆钢筋时，要两端卡牢，防止回弹伤人。圆盘钢筋放入圈架应稳，如有乱丝或钢筋脱架，必须停机处理。进行调直工作时，不允许无关人员站在机械附近，特别是当料盘上钢筋快完时，要严防钢筋端头打人。

切断长度小于400mm的钢筋必须用钳子夹牢，且钳柄不得短于500mm，严禁直接用手把持。

严禁戴手套操作钢筋调直机，钢筋调直到末端时，人员必须躲开。当钢筋送入调直机后，手与曳轮必须保持一定距离，不得接近。在调直块未固定、防护罩未盖好前不得送料。作业中严禁打开各部防护罩及调整间隙。短于 2m 或直径大于 9mm 的钢筋调直，应低速加工。操作钢筋弯曲机时，人员站在钢筋活动端的反方向。弯曲小于 400mm 的短钢筋时，要防止钢筋弹出伤人。

采用直螺纹连接时，操作钢筋剥肋滚轧直螺纹的操作人员不得留长发，穿无纽扣衣衫，工作时应避开切断机、切割机、吊车等外在设备对面，以防事故发生。任何人不得戴手套接触旋转中的丝头和机头。

2. 钢筋搬运及安装

进行焊接作业时应加强对电源的维护管理，严禁钢筋接触电源。焊机必须可靠接地，焊接导线及钳口接线应有可靠绝缘，焊机不得超负荷使用。

多人抬运预埋件时，起、落、转、停等动作应一致，人工上下传递时，不得站在同一垂直线上。若采用汽车吊或进行搬运，需做好相应管控措施。

搬运预埋件时与电气设施应保持安全距离，严防碰撞。在施工过程中应严防预埋件与任何带电体接触。进行焊接作业时应加强对电源的维护管理，严禁钢筋接触电源。焊机必须可靠接地，焊接导线及钳口接线应有可靠绝缘，焊机不得超负荷使用。

模块七 模板工程

|项目一 模 板 施 工|

任务 1.1 普通混凝土模板制作

模板工程主要包括模板和支架两部分。模板面板、支承面板的次楞和主楞以及对拉螺栓等组件统称为模板。模板背侧的支承(撑)架和连接件等统称为支架或模板支架。

（1）地面以下支模应先检查土壁的稳定情况，当有裂纹及塌方危险迹象时，应采取安全防范措施后，方可下人作业。当深度超过 2m 时，操作人员应设梯上下。距基槽（坑）上口边缘 1m 内不得堆放模板。向基槽（坑）内运料应使用起重机、溜槽或绳索；运下的模板严禁立放于基槽（坑）土壁上。斜支撑与侧模的夹角不应小于 45°，支于土壁的斜支撑应加设垫板，底部的对角楔木应与斜支撑连牢。

（2）现场拼装柱模时，应适时地按设临时支撑进行固定，斜撑与地面的倾角宜为 60°，严禁将大片模板系于柱子钢筋上。待四片柱模就位组拼经对角线校正无误后，应立即自下而上安装柱箍。若为整体预组合柱模，吊装时应采用卡环和柱模连接，不得用钢筋钩代替。柱模校正后，应采用斜撑或水平撑进行四周支撑，以确保整体稳定。当高度超过 4m 时，应群体或成列同时支模，并应将支撑连成一体，形成整体框架体系。当需单根支模时，柱宽大于 500mm 应每边在同一标高上设不得少于两根斜撑或水平撑。斜撑与地面的夹角宜为 45°～60°，下端尚应有防滑移的措施。

（3）墙模当用散拼定型模板支模时，应自下而上进行，必须在下一层模板全部紧固后，方可进行上一层安装。当下层不能独立安设支撑件时，应采取临时固定措施。当采用预拼装的大块墙模板进行支模安装时，严禁同时起吊两块模板，并应边就位、边校正、边连接，固定后方可摘钩。模板未安装对拉螺栓前，板面应向后倾一定角度。拼接时的 U 形卡应正反交替安装，间距不得大于300mm；两块模板对接接缝处的 U 形卡应满装。对拉螺栓与墙模板应垂直，松紧应一致，墙厚尺寸应正确。墙模板内外支撑必须坚固、可靠，应确保模板的整体稳定。当墙模板外面无法设置支撑时，应在里面设置能承受拉力和压力的支撑。多排并列且间距不大的墙模板，当其支撑互成一体时，应有防止灌筑混凝土时引起临近模板变形的措施。

（4）安装独立梁模板时应设安全操作平台，并严禁操作人员站在独立梁底模或柱模支架上操作及上下通行。底模与横楞应拉结好，横楞与支架、立柱应连接牢固。安装梁侧模时，应边安装边与底模连接，当侧模高度多于两块时，应采取临时固定措施。起拱应在侧模内外楞连固前进行。单片预组合梁模，钢楞与板面的拉结应按设计规定制作，并应按设计吊点试吊无误后，方可正式吊运安装，侧模与支架支撑稳定后方准摘钩。

（5）楼板或平台板模板使用预组合模板采用桁架支模时，桁架与支点的连接应固定牢靠，桁架支承应采用平直通长的型钢或木方。当预组合模板块较大时，应加钢楞后方可吊运。当组合模板为错缝拼配时，板下横楞应均匀布置，并应在模板端穿插销。单块模就位安装，必须待支架搭设稳固、板下横楞与支架连接牢固后进行。

（6）安装圈梁、阳台、雨篷及挑檐等模板时，其支撑应独立设置，不得支搭在施工脚手架上。安装悬挑结构模板时，应搭设脚手架或悬挑工作台，并应设置防护栏杆和安全网。作业处的下方不得有人通行或停留。烟囱、水塔及其他高大构筑物的模板，应编制专项施工设计和安全技术措施，并应详细地向操作人员进行交底后方可安装。在危险部位进行作业时，操作人员应系好安全带。

任务 1.2　普通支模架搭设及模板安装

普通混凝土结构模板系统包括模板和支架两部分。普通支模架的搭设和模板的安装质量将影响混凝土结构工程的质量。

（1）采用何种材料制作的模板，其接缝都应严密，避免漏浆，但木模板需考虑浇水湿润时的木材膨胀情况。模板内部和与混凝土的接触面应清理干净，以避免出现麻面、夹渣等缺陷。对清水混凝土及装饰混凝土，为了使浇筑后的混凝土表面满足设计效果，宜事先对所使用的模板和浇筑工艺制作样板或进行试验。

（2）隔离剂的品种和涂刷方法应符合施工方案的要求。隔离剂不得影响结构性能及装饰施工；不得沾污钢筋、预应力筋、预埋件和混凝土接槎处；不得对环境造成污染。

（3）固定在模板上的预埋件和预留孔洞不得遗漏，且应安装牢固。有抗渗要求的混凝土结构中的预埋件，应按设计及施工方案的要求采取防渗措施。

（4）扣件式钢管作模板支架时，立杆纵距、立杆横距不应大于1.5m，支架步距不应大于2.0m；立杆纵向和横向宜设置扫地杆，纵向扫地杆距立杆底部不宜大于200mm，横向扫地杆宜设置在纵向扫地杆的下方；立杆底部宜设置底座或垫板。立杆接长除顶层步距可采用搭接外，其余各层步距接头应采用对接扣件连接，两个相邻立杆的接头不应设置在同一步距内。立杆步距的上下两端应设置双向水平杆，水平杆与立杆的交错点应采用扣件连接，双向水平杆与立杆的连接扣件之间的距离不应大于150mm。支架周边应连续设置竖向剪刀撑。支架长度或宽度大于6m时，应设置中部纵向或横向的竖向剪刀撑，剪刀撑的间距和单幅剪刀撑的宽度均不宜大于8m，剪刀撑与水平杆的夹角宜为45°～60°；支架高度大于3倍步距时，支架顶部宜设置一道水平剪刀撑，剪刀撑应延伸至周边。立杆、水平杆、剪刀撑的搭接长度，不应小于0.8m，且不应少于2个扣件连接，扣件盖板边缘至杆端不应小于100mm。

（5）扣件式钢管作高大模板支架时，宜在支架立杆顶端插入可调托座，可调托座螺杆外径不应小于36mm，螺杆插入钢管的长度不应小于150mm，螺杆伸出钢管的长度不应大于300mm，可调托座伸出顶层水平杆的悬臂长度不应大于500mm；立杆纵距、横距不应大于1.2m，支架步距不应大于1.8m；立杆顶层步距内采用搭接时，搭接长度不应小于1m，且不应少于3个扣件连接；立杆纵向和横向应设置扫地杆，纵向扫地杆距立杆底部不宜大于200mm；宜设置中部纵向或横向的竖向剪刀撑，剪刀撑的间距不宜大于5m；沿支架高度方向搭设的水平剪刀撑的间距不宜大于6m；立杆的搭设垂直偏差不宜大于1/200，且不宜大于100mm。

（6）采用碗扣式、盘扣式或盘销式钢管架作模板支架时，碗扣架、盘扣架或盘销架的水平杆与立柱的扣接应牢靠，不应滑脱；立杆上的上、下层水平杆间距不应大于 1.8m；插入立杆顶端可调托座伸出顶层水平杆的悬臂长度不应大于 650mm，螺杆插入钢管的长度不应小于 150mm，其直径应满足与钢管内径间隙不大于 6mm 的要求。架体最顶层的水平杆步距应比标准步距缩小一个节点间距；立柱间应设置专用斜杆或扣件钢管斜杆加强模板支架。

（7）采用门式钢管架搭设模板支架时，应符合《建筑施工门式钢管脚手架安全技术规范》（JGJ/T 128）的有关规定。当支架高度较大或荷载较大时，主立杆钢管直径不宜小于 48mm，并应设水平加强杆。

任务 1.3　模板拆除

普通混凝土工程模板拆除是模板工程的重要组成部分，模板拆除需考虑混凝土结构强度、拆除顺序、安全控制措施等内容。

（1）拆除条形基础、杯形基础、独立基础或设备基础的模板时，拆除前应先检查基槽（坑）土壁的安全状况，发现有松软、龟裂等不安全因素时，应在采取安全防范措施后，方可进行作业。模板和支撑杆件等应随拆随运，不得在离槽（坑）上口边缘 1m 以内堆放。拆除模板时，施工人员必须站在安全地方。应先拆内外木楞、再拆木面板；钢模板应先拆钩头螺栓和内外钢楞，后拆 U 形卡和 L 形插销，拆下的钢模板应妥善传递或用绳钩放置地面，不得抛掷。拆下的小型零配件应装入工具袋内或小型箱笼内，不得随处乱扔。

（2）柱模拆除应分别采用分散拆和分片拆两种方法。其分散拆除的顺序应为：拆除拉杆或斜撑，自上而下拆除柱箍或横楞，拆除竖楞，自上而下拆除配件及模板，运走分类堆放，清理，拔钉，钢模维修，刷防锈油或脱模剂，入库备用。分片拆除的顺序应为：拆除全部支撑系统，自上而下拆除柱箍及横楞，拆掉柱角 U 形卡，分二片或四片拆除模板，原地清理，刷防锈油或脱模剂，分片运至新支模地点备用。柱子拆下的模板及配件不得向地面抛掷。

（3）墙模分散拆除顺序应为：拆除斜撑或斜拉杆，自上而下拆除外楞及对拉螺栓，分层自上而下拆除木楞或钢楞及零配件和模板，运走分类堆放，拔钉清理或清理检修后刷防锈油或脱模剂，入库备用。预组拼大块墙模拆除顺序应为：拆除全部支撑系统，拆卸大块墙模接缝处的连接型钢及零配件，拧去固定埋设件的螺栓及大部分对拉螺栓，挂上吊装绳扣并略拉紧吊绳后，拧下剩余对拉螺栓，用方木均匀敲击大块墙模立楞及钢模板，使其脱离墙体,用撬棍轻轻外撬大块墙模板使全部脱离,指挥起吊、运走、清理、刷防锈油或脱模剂备用。拆除每一大块墙模的最后两个对拉螺栓后,作业人员应撤离大模板下侧,以后的操作均应在上部进行。个别大块模板拆除后产生局部变形者应及时整修好。大块模板起吊时,速度要慢,应保持垂直,严禁模板碰撞墙体。

(4)梁、板模板应先拆梁侧模,再拆板底模,最后拆除梁底模,并应分段分片进行,严禁成片撬落或成片拉拆。拆除时,作业人员应站在安全的地方进行操作,严禁站在已拆或松动的模板上进行拆除作业。拆除模板时,严禁用铁棍或铁锤乱砸,已拆下的模板应妥善传递或用绳钩放至地面。严禁作业人员站在悬臂结构边缘敲拆下面的底模。待分片、分段的模板全部拆除后,方允许将模板、支架、零配件等按指定地点运出堆放,并进行拔钉、清理、整修、刷防锈油或脱模剂,入库备用。

(5)对于拱、薄壳、圆穹屋顶和跨度大于 8m 的梁式结构,应按设计规定的程序和方式从中心沿环圈对称向外或从跨中对称向两边均匀放松模板支架立柱。

(6)拆除圆形屋顶、筒仓下漏斗模板时,应从结构中心处的支架立柱开始,按同心圆层次对称地拆向结构的周边。

(7)拆除带有拉杆拱的混凝土组合结构模板时,在模板和支架立柱未拆除前,先将其拉杆拉紧,以避免脱模后无水平拉杆来平衡拱的水平推力,导致上弦拱的混凝土断裂垮塌。

(8)底模及支架应在混凝土强度达到设计要求后再拆除。当设计无具体要求时,底模拆除时的混凝土强度要求应符合表 7-1 的规定。

表 7-1 　　　　　　　　　底模拆除时的混凝土强度要求

构件类型	构件跨度(m)	达到设计混凝土强度等级值的百分率(%)
板	≤2	≥50
	>2,≤8	≥75
	>8	≥100
梁、拱、壳	≤8	≥75
	>8	≥100
悬臂结构		≥100

|项目二　安全风险管控要点|

（1）从事模板作业的人员，应经常组织安全技术培训。从事高处作业人员，应定期体检，不符合要求的不得从事高处作业。

（2）安装和拆除模板时，操作人员应佩戴安全帽、系安全带、穿防滑鞋。安全帽和安全带应定期检查，不合格者严禁使用。

（3）模板及配件进场应有出厂合格证或当年的检验报告，安装前应对所用部件（立柱、楞梁、吊环、扣件等）进行认真检查，不符合要求者不得使用。

（4）模板工程应编制施工设计和安全技术措施，并应严格按施工设计与安全技术措施规定进行施工。满堂模板、建筑层高 8m 及以上和梁跨大于或等于 15m 的模板，在安装、拆除作业前，工程技术人员应以书面形式向作业班组进行施工操作的安全技术交底，作业班组应对照书面交底进行上下班的自检和互检。

（5）施工过程中应经常对立柱底部基土回填夯实的状况；垫木应满足设计要求；底座位置应正确，顶托螺杆伸出长度应符合规定；立杆的规格尺寸和垂直度应符合要求，不得出现偏心荷载；扫地杆、水平拉杆、剪刀撑等的设置应符合规定，固定应可靠；安全网和各种安全设施进行检查。

（6）在高处安装和拆除模板时，周围应设安全网或搭脚手架，并应加设防护栏杆。在临街面及交通要道地区，尚应设警示牌，派专人看管。

（7）作业时，模板和配件不得随意堆放，模板应放平放稳，严防滑落。脚手架或操作平台上临时堆放的模板不宜超过 3 层，连接件应放在箱盒或工具袋中，不得散放在脚手板上。

（8）多人共同操作或扛抬组合钢模板时，必须密切配合、协调一致、互相呼应。

（9）模板安装时，上下应有人接应，随装随运，严禁抛掷。且不得将模板支搭在门窗框上，也不得将脚手板支搭在模板上，并严禁将模板与上料井架及有车辆运行的脚手架或操作平台支成一体。

（10）支模过程中如遇中途停歇，应将已就位模板或支架连接稳固，不得浮搁或悬空。拆模中途停歇时，应将已松扣或已拆松的模板、支架等拆下运走，防止构件坠落或作业人员扶空坠落伤人。

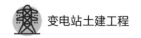

（11）每个支撑架架体，必须按规定设置两点防雷接地设施。

（12）严禁人员攀登模板、斜撑杆、拉条或绳索等，也不得在高处的墙顶、独立梁或在其模板上行走。

（13）使用后的木模板应拔除铁钉，分类进库，堆放整齐。若为露天堆放，顶面应遮防雨篷布。

（14）作业人员拆除模板作业前应佩戴好工具袋，作业时将螺栓、螺帽、垫块、销卡、扣件等小物品放在工具袋内，后将工具袋吊下，严禁随意抛下。

（15）拆下的模板应及时运到指定地点集中堆放，不得堆在脚手架或临时搭设的工作台上。

（16）作业人员在下班时，不得留下松动的或悬挂着的模板以及扣件、混凝土块等悬浮物。

（17）拆除的模板严禁抛扔，应用绳索或由滑槽、滑轨吊下。

模块八　混凝土工程

| 项目一　混凝土原材料及配合比控制 |

1. 施工准备

（1）主要机具。

1）搅拌机应符合《混凝土搅拌机》（GB/T 9142）的规定，宜采用固定式搅拌机。

2）运送时，运输车应保持混凝土拌合物的均匀性，不应产生分层离析现象。卸料时，运输车应顺利地把混凝土拌合物全部排出。

3）翻斗车仅适用于运送坍落度小于 80mm 的混凝土拌合物，并应保证运送容器不漏浆，内壁光滑平整，具有覆盖设施。

4）现场搅拌混凝土宜采用具有自动计量装置的设备集中搅拌。

5）计量各种原材料的计量应按质量计，水和外加剂溶液的计量可按体积计。混凝土原材料计量允许偏差见表 8–1。

表 8–1　　　　　　　　　混凝土原材料计量允许偏差

原材料品种	水泥	集料	水	外加剂	掺合料
每盘计量允许偏差（%）	±2	±3	±2	±2	±2
累计计量允许偏差（%）	±1	±2	±1	±1	±1

注　累计计量允许偏差，是指每一运输车中各盘混凝土的每种材料计量和的偏差。该项指标仅适用于采用微机控制计量的搅拌站。

（2）材料准备。

1）水泥的储存按水泥品种和标号区分，应能防止水泥结块和污染。

2）集料的储存设施应保证集料的均匀性，不使大小颗粒分离，同时应将不同品种、规格的集料分开，以免混杂或污染。

3）外加剂的储存应按不同品种分开，并应防止其质量发生变化。

4）掺合料的储存设施应按品种分开，并有明显标志。严禁与水泥等其他粉状料混杂。

5）各种原材料、外加剂、掺合料均经过复检，质量符合有关规定的要求。

（3）作业条件。

1）搅拌机应搭设能防风、防雨、防晒、防砸的防护棚，在出料口设置安全限位挡墙，操作平台设置应便于搅拌机手操作。

2）采用自动配料机及装载机配合上料时，装载机操作人员要严格执行装载机的各项安全操作规程。

3）搅拌机上料斗升起过程中，不得在斗下敲击斗身。进料时不得将头、手伸入料斗与机架之间。

4）皮带输送机在运行过程中不得进行检修。皮带发生偏移等故障时，应停车排除故障。不得从运行中的皮带上跨越或从其下方通过。

5）现场标准养护室或养护箱经验收符合要求。

6）混凝土试验配合比已完成报审审批。

7）混凝土开盘鉴定已完成、混凝土浇灌申请已被批准、操作人员全部到位并进行了技术交底。

2. 操作工艺及流程

（1）根据已审批的混凝土配合比计算出每罐搅拌用的各种材料及水的用量。

（2）在搅拌地点明显处悬挂"混凝土搅拌配合比"标示牌。

（3）采用分次投料搅拌方法时，应通过试验确定投料顺序、数量及分段搅拌的时间等工艺参数。掺合料宜与水泥同步投料，液体外加剂宜滞后于水和水泥投料。粉状外加剂宜溶解后再投料。

（4）混凝土宜采用强制式搅拌机搅拌，并应搅拌均匀。混凝土搅拌的最短时间可按表8-2采用，当能保证搅拌均匀时可适当缩短搅拌时间。搅拌强度等级C60及以上的混凝土时，搅拌时间应适当延长。

表 8-2　　　　　　　　　　　混凝土搅拌的最短时间　　　　　　　　　　　（s）

混凝土坍落度（mm）	搅拌机机型	搅拌机出料量（L）		
		< 250	250~500	> 500
≤40	强制式	60	90	120
>40 且 <100	强制式	60	60	90
≥100	强制式	60		

（5）混凝土运送时，严禁往运输车筒体内任意加水。

（6）混凝土的运送时间是指从第一盘混凝土由搅拌机卸出开始至运输车开始卸料止，运送时间应满足合同规定，当合同未做规定时，采用搅拌运输车运送的混凝土，宜在 1.5h 内卸料；采用翻斗车运送的混凝土，宜在 1.0h 内卸料。当最高气温低于 25℃，运送时间可延长 0.5h，混凝土的运送频率，应保证混凝土施工的连续性。

（7）在运输途中及等候卸料时，应保持搅拌运输车罐体正常转速，不得停转。卸料前，运输车罐体宜快速旋转搅拌 20s 以上后再卸料。

3. 质量控制

（1）原材料进场时，供方应对进场材料，按材料进场验收所划分的检验批提供相应的质量证明文件。外加剂产品还应提供使用说明书。当能够确认连续进场的材料为同一厂家的同批出厂材料时，也可按出厂的检验批提供质量证明文件。

（2）原材料进场时，应对材料外观、规格、等级、生产日期等进行检查，并应对其主要技术指标按检验批进行抽样复验，每个检验批检验不得少于 1 次。

（3）应对水泥的强度、安定性、凝结时间及其他必要指标进行检验。同一生产厂家、同一品种、同一等级且连续进场的水泥袋装不超过 200t 为一检验批，散装不超过 500t 为一检验批。

（4）应对粗骨料的颗粒级配、含泥量、泥块含量、针片状含量指标进行检验，压碎指标可根据工程需要进行检验。应对细骨料颗粒级配、含泥量、泥块含量指标进行检验。当设计文件有要求或结构处于易发生碱骨料反应环境中时，应对骨料进行碱活性检验。

（5）应对矿物掺合料细度（比表面积）、需水量比（流动度比）、活性指数（抗压强度比）、烧失量指标进行检验。粉煤灰、矿渣粉、沸石粉不超过 200t 为一检验批，硅灰不超过 30t 为一检验批。

（6）应按外加剂产品标准规定对其主要匀质性指标和掺外加剂混凝土性能指标进行检验。同一品种外加剂不超过 50t 为一检验批。

（7）当采用饮用水作为混凝土用水时，可不检验。当采用中水、搅拌站清洗水或施工现场循环水等其他来源水时，应对其成分进行检验。

（8）当在使用中对水泥质量有怀疑或水泥出厂超过三个月（快硬硅酸盐水泥超过一个月）时，应进行复验，并应按复验结果使用。

（9）混凝土在生产过程中应按下列规定进行检查：

1）混凝土在生产前应检查混凝土所用原材料的品种、规格是否与施工配合比一致。在生产过程中应检查原材料实际称量误差是否满足要求，每一工作班应至少 2 次。

2）每次开盘前应检查生产设备和控制系统是否正常，计量设备是否归零。

3）混凝土拌合物的工作性检查每 $100m^3$ 不应少于 1 次，且每一工作班不应少于 2 次，必要时可增加检查次数。

4）骨料含水率的检验每工作班不应少于 1 次。当雨雪天气等外界影响导致混凝土骨料含水率变化时，应及时检验。

5）同一工程、同一配合比的混凝土的凝结时间应至少在开盘前检验 1 次。

（10）混凝土应进行抗压强度试验。对有抗冻、抗渗等耐久性要求的混凝土，还应进行抗冻性、抗渗性等耐久性项目的试验。其试件留置方法和数量应按《混凝土结构工程施工质量验收规范》（GB 50204）的有关规定执行。

4. 质量标准

（1）主控项目。

1）水泥进场时，应对其品种、代号、强度等级、包装或散装仓号、出厂日期等进行检查，并应对水泥的强度、安定性和凝结时间进行检验，检验结果应符合《通用硅酸盐水泥》（GB 175）的相关规定。

检查数量：按同一厂家、同一品种、同一代号、同一强度等级、同一批号且连续进场的水泥，袋装不超过 200t 为一批，散装不超过 500t 为一批，每批抽样数量不应少于一次。

2）混凝土外加剂进场时，应对其品种、性能、出厂日期等进行检查，并应对外加剂的相关性能指标进行检验,检验结果应符合《混凝土外加剂》(GB 8076)和《混凝土外加剂应用技术规范》(GB 50119)的规定。

(2)一般项目。

1)混凝土用矿物掺合料进场时,应对其品种、性能、出厂日期等进行检查,并应对矿物掺合料的相关性能指标进行检验,检验结果应符合有关标准的规定。

检查数量:按同一厂家、同一品种、同一批号且连续进场的矿物接合料,粉煤灰、矿渣粉、磷渣粉、钢铁渣粉和复合矿物掺合料不超过 200t 为一批,沸石粉不超过 120t 为一批,硅灰不超过 30t 为一批,每批抽样数量不应少于一次。

2)混凝土原材料中的粗骨料、细骨料质量应符合《普通混凝土用砂、石质量及检验方法标准》(JG J52)的规定,使用经过净化处理的海砂应符合《海砂混凝土应用技术规范》(JGJ 206)的规定,再生凝土骨料应符合《混凝土用再生粗骨料》(GB/T 25177)和《混凝土和砂浆用再生细骨料》(GB/T 25176)的规定。

检查数量:按《普通混凝土用砂、石质量及检验方法标准》(JGJ 52)的规定确定。

3)混凝土拌制及养护用水应符合《混凝土用水标准》(JGJ 63)的规定。采用饮用水作为混凝土用水时,可不检验;采用中水、搅拌站清洗水、施工现场循环水等其他水源时,应对其成分进行检验。

检数量:同一水源检查不应少于一次。

项目二 混凝土浇筑

1. 混凝土浇筑前的工作

(1)隐蔽工程验收和技术复核。

(2)对操作人员进行技术交底。

(3)根据施工方案中的技术要求,检查并确认施工现场实施条件。

(4)施工单位应填报浇筑申请单,并经监理单位签认。

(5)浇筑前应检查混凝土送料单,核对混凝土配合比,确认混凝土强度等级,检查混凝土运输时间,测定混凝土坍落度,必要时还应测定混凝土扩展度,

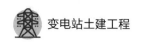

在确认无误后再进行混凝土浇筑。

2. 混凝土浇筑

（1）浇筑混凝土前，应清除模板内或垫层上的杂物。表面干燥的地基、垫层、模板上应洒水湿润。现场环境温度高于35℃时，宜对金属模板进行洒水降温。洒水后不得留有积水。

（2）混凝土浇筑应保证混凝土的均匀性和密实性。混凝土宜一次连续浇筑。当不能一次连续浇筑时，可留设施工缝或后浇带分块浇筑。

（3）混凝土浇筑过程应分层进行，上层混凝土应在下层混凝土初凝之前浇筑完毕。

（4）混凝土运输、输送入模的过程宜连续进行，运输到输送入模的延续时间不宜超过表8-3的规定，运输、输送入模及其间歇总的时间限值见表8-4。掺早强型减水外加剂、早强剂的混凝土以及有特殊要求的混凝土，应根据设计及施工要求，通过试验确定允许时间。

表8-3 　　　　　　　运输到输送入模的延续时间 　　　　　　　（min）

条件	气温	
	≤25℃	>25℃
不掺外加剂	90	60
掺外加剂	150	120

表8-4 　　　　　　　运输、输送入模及其间歇总的时间限值 　　　　　（min）

条件	气温	
	≤25℃	>25℃
不掺外加剂	180	150
掺外加剂	240	210

（5）混凝土浇筑的布料点宜接近浇筑位置，应采取减少混凝土下料冲击的措施，并应符合下列规定：① 宜先浇筑竖向结构构件，后浇筑水平结构构件；② 浇筑区域结构平面有高差时，宜先浇筑低区部分再浇筑高区部分；③柱、墙模板内混凝土浇筑倾落高度限制见表8-5，当不能满足表8-5的要求时，应加设串筒、溜管、溜槽等装置。

表 8-5　　　　　　　　　　柱、墙模板内混凝土浇筑倾落高度限值　　　　　　　（m）

条件	浇筑倾落高度限值
粗骨料粒径大于 25mm	≤3
粗骨料粒径小于等于 25mm	≤6

注　当有可靠措施能保证混凝土不产生离析时，混凝土倾落高度可不受本表限制。

（6）混凝土浇筑后，在混凝土初凝前和终凝前宜分别对混凝土裸露表面进行抹面处理。

（7）柱、墙混凝土设计强度等级高于梁、板混凝土设计强度等级时，混凝土浇筑应符合下列规定：

1）柱、墙混凝土设计强度比梁、板混凝土设计强度高一个等级时，柱、墙位置梁、板高度范围内的混凝土经设计单位同意，可采用与梁、板混凝土设计强度等级相同的混凝土进行浇筑。

2）柱、墙混凝土设计强度比梁、板混凝土设计强度高两个等级及以上时，应在交界区域采取分隔措施。分隔位置应在低强度等级的构件中，且距高强度等级构件边缘不应小于 500mm。

（8）宜先浇筑高强度等级混凝土，后浇筑低强度等级混凝土。

（9）泵送混凝土浇筑应符合下列规定：

1）宜根据结构形状及尺寸、混凝土供应、混凝土浇筑设备、场地内外条件等，划分每台输送泵浇筑区域及浇筑顺序。

2）采用输送管浇筑混凝土时，宜由远而近浇筑。采用多根输送管同时浇筑时，其浇筑速度宜保持一致。

3）润滑输送管的水泥砂浆用于湿润结构施工缝时，水泥砂浆应与混凝土浆液同成分。接浆厚度不应大于 30mm，多余水泥砂浆应收集后运出。

4）混凝土泵送浇筑应保持连续。当混凝土供应不及时，应采取间歇泵送方式。

5）混凝土浇筑后，应按要求完成输送泵和输送管的清理。

（10）施工缝或后浇带处浇筑混凝土应符合下列规定：

1）结合面应采用粗糙面。结合面应清除浮浆、疏松石子、软弱混凝土层，并应清理干净。

2）结合面处应采用洒水方法进行充分湿润，并不得有积水。

3）施工缝处已浇筑混凝土的强度不应小于 1.2MPa。

4）柱、墙水平施工缝水泥砂浆接浆层厚度不应大于 30mm，接浆层水泥砂浆应与混凝土浆液同成分。

5）后浇带混凝土强度等级及性能应符合设计要求。当设计无要求时，后浇带强度等级宜比两侧混凝土提高一级，并宜采用减少收缩的技术措施进行浇筑。

3. 混凝土振捣

（1）混凝土振捣应能使模板内各个部位混凝土密实、均匀，不应漏振、欠振、过振。

（2）混凝土振捣应采用插入式振动棒、平板振动器或附着振动器，必要时可采用人工辅助振捣。

（3）振动棒振捣混凝土应符合下列规定：

1）应按分层浇筑厚度分别进行振捣，振动棒的前端应插入前一层混凝土中，插入深度不应小于 50mm。

2）振动棒应垂直于混凝土表面并快插慢拔均匀振捣。当混凝土表面无明显塌陷、有水泥浆出现、不再冒气泡时，可结束该部位振捣。

3）振动棒与模板的距离不应大于振动棒作用半径的 0.5 倍。振捣插点间距不应大于振动棒的作用半径的 1.4 倍。

（4）表面振动器振捣混凝土应符合下列规定：

1）表面振动器振捣应覆盖振捣平面边角。

2）表面振动器移动间距应覆盖已振实部分混凝土边缘。

3）倾斜表面振捣时，应由低处向高处进行振捣。

（5）附着振动器振捣混凝土应符合下列规定：

1）附着振动器应与模板紧密连接，设置间距应通过试验确定。

2）附着振动器应根据混凝土浇筑高度和浇筑速度，依次从下往上振捣。

3）模板上同时使用多台附着振动器时应使各振动器的频率一致，并应交错设置在相对面的模板上。

（6）特殊部位的混凝土应采取下列加强振捣措施：

1）宽度大于 0.3m 的预留洞底部区域应在洞口两侧进行振捣，并应适当延长。

2）后浇带及施工缝边角处应加密振捣点，并应适当延长振捣时间。

3）钢筋密集区域或型钢与钢筋结合区域应选择小型振动棒辅助振捣、加密振捣点，并应适当延长振捣时间。

4）基础大体积混凝土浇筑流淌形成的坡顶和坡脚应适时振捣，不得漏振。

4. 混凝土养护

（1）混凝土浇筑后应及时进行保湿养护，保湿养护可采用洒水、覆盖、喷涂养护剂等方式。选择养护方式应考虑现场条件、环境温湿度、构件特点、技术要求、施工操作等因素。

（2）混凝土的养护时间应符合下列规定：

1）采用硅酸盐水泥、普通硅酸盐水泥或矿渣硅酸盐水泥配制的混凝土，不应少于7d。采用其他品种水泥时，养护时间应根据水泥性能确定。

2）采用缓凝型外加剂、大掺量矿物掺合料配制的混凝土，不应少于14d。

3）抗渗混凝土、强度等级C60及以上的混凝土，不应少于14d。

4）后浇带混凝土的养护时间不应少于14d。

5）地下室底层墙、柱和上部结构首层墙、柱宜适当增加养护时间。

6）基础大体积混凝土养护时间应根据施工方案确定。

（3）洒水养护应符合下列规定：

1）洒水养护宜在混凝土裸露表面覆盖麻袋或草帘后进行，也可采用直接洒水、蓄水等养护方式。洒水养护应保证混凝土处于湿润状态。

2）洒水养护用水应符合《混凝土用水标准》（JGJ 63）的有关规定。

3）当日最低温度低于5℃时，不应采用洒水养护。

（4）覆盖养护应符合下列规定：

1）覆盖养护宜在混凝土裸露表面覆盖塑料薄膜、塑料薄膜加麻袋、塑料薄膜加草帘进行。

2）塑料薄膜应紧贴混凝土裸露表面，塑料薄膜内应保持有凝结水。

3）覆盖物应严密，覆盖物的层数应按施工方案确定。

| 项目三　安全风险管控要点 |

（1）搅拌机上料斗升起过程中，禁止在斗下敲击斗身，出料口设置安全限位挡墙。采用自动配料机及装载机配合上料时，装载机操作人员要严格执行装载机的各项安全操作规程。

（2）指定专人（搅拌机手）操作搅拌机，操作前检查传动机械装置安装好、

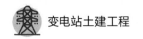

接地线已装设。搅拌机运转时，严禁作业人员将铁铲等工具伸入滚筒内。严禁出料时中途停机，也不得满载启动。

（3）采用吊罐运送混凝土时，钢丝绳、吊钩、吊扣必须符合安全要求，连接牢固，罐内的混凝土不得装载过满。吊罐转向、行走应缓慢，不得急刹车，下降时应听从指挥信号，吊罐下方严禁站人。

（4）浇筑混凝土前检查模板及脚手架的牢固情况，作业人员必须穿好绝缘靴，戴好绝缘手套后再进行振捣作业，在操作振动器时严禁将振动器冲击或振动钢筋、模板及预埋件等，振动器搬动或暂停，必须切断电源。不得将运行中的振动器放在模板、脚手架或未凝固的混凝土上。

（5）模板安装验收合格。在混凝土浇筑时，禁止集中布料，导致局部荷载过大，造成支撑结构变形垮塌。

（6）混凝土施工时，确保模板和支架有足够的强度、刚度和稳定性。布料设备不得碰撞或直接搁置在模板上，手动布料时，必须加固杆下的模板和支架。泵送设备支腿应支承在水平坚实的地面上，支腿底部与路面等边缘应保持一定的安全距离。泵启动时，人员禁止进入末端软管可能摇摆触及的危险区域。

模块九　砌　体　工　程

| 项目一　砌筑砂浆配合比控制 |

任务 1.1　砌筑砂浆搅拌

砌筑砂浆按材料组成不同分为水泥砂浆（水泥、砂、水）、水泥混合砂浆（水泥、砂、石灰膏、水）。水泥砂浆的强度等级可分为 M30、M25、M20、M15、M10、M7.5。水泥混合砂浆的强度等级可分为 M15、M10、M7.5。

水泥砂浆可用于潮湿环境中的砌体，水泥混合砂浆宜用于干燥环境中的砌体。

为便于操作，砌筑砂浆应有较好的和易性，即良好的流动性（稠度）和保水性。和易性好的砂浆能保证砌体灰缝饱满、均匀、密实，并能提高砌体强度。

1. **基本规定**

（1）砌筑砂浆所采用的水泥、外加剂应有产品的合格证书、产品性能检测报告，还应有材料主要性能的进场复验报告。严禁使用国家或地区明令淘汰的材料。

（2）水泥进场使用前，应分批对其强度、安定性进行复验。检验批次应以同一生产厂家、同一编号为一批次。当在使用中对水泥质量有怀疑或水泥出厂超过三个月（快硬硅酸盐水泥超过一个月）时，应复查试验，并按其结果使用。不同品种的水泥，不得混合使用。

（3）砂中不得含有有害杂物。砂的含泥量应满足下列要求：

1）对水泥砂浆和强度等级不小于 M7.5 的水泥混合砂浆，不应超过 5%。

2）对强度等级小于 M7.5 的水泥混合砂浆，不应超过 10%。

3）人工砂、山砂及特细砂，应经试配满足砌筑砂浆技术条件要求。

（4）消石灰粉是未充分熟化的石灰，颗粒太粗，起不到改善和易性的作用，还会大幅度降低砂浆强度，因此消石灰粉不得直接使用于砌筑砂浆中。磨细生石灰粉必须熟化成石灰膏才可使用。严寒地区，磨细生石灰直接加入砌筑砂浆中属冬期施工措施。

（5）生石灰熟化成石灰膏时，应用孔径不大于 3mm×3mm 的网过滤，熟化时间不得少于 7d。磨细生石灰粉的熟化时间不得小于 2d。沉淀池中储存的石灰膏，应采取防止干燥、冻结和污染的措施。脱水硬化的石灰膏不但起不到塑化作用，还会影响砂浆强度，故严禁使用。

（6）砌筑砂浆应通过试配确定配合比。当砌筑砂浆的组成材料有变更时，其配合比应重新确定。

（7）施工中当采用水泥砂浆代替水泥混合砂浆时，应重新由设计确定砂浆强度等级。

（8）凡在砂浆中掺入早强剂、缓凝剂、防冻剂等，应经检验和试配符合要求后，方可使用。

2. 施工准备

（1）材料准备。

1）水泥：一般采用普通硅酸盐水泥、矿渣硅酸盐水泥、砌筑水泥等，水泥应有出厂合格证，并按品种、等级、出厂日期分别堆放，并保持干燥。

2）砂子：宜采用粒径为 0.35～0.5mm 的中砂，应用 5mm 孔径的筛子过筛，筛好后保持洁净。

3）水：拌制砂浆用水宜采用饮用水。当采用其他来源水时，水质应符合《混凝土拌合物用水标准》（JGJ 63）的规定。

（2）技术准备。

1）根据施工图纸设计要求确定砌筑砂浆的品种、强度等级等技术要求。

2）完成砌筑砂浆的试配工作（由实验室试配），根据现场情况调整为施工配合比。

3）编制施工方案，根据已批准的施工方案向操作工人进行技术交底。

4）编制工程材料、机具、劳动力的需求计划。

（3）主要机具。

1）机械设备：砂浆搅拌机等。

2）主要工具：铁锹、灰扒、手锤、筛子、手推车等。

3）检测工具：砂浆稠度仪、砂浆试模等。

4）计量器具：台秤、磅秤、温度计等。

（4）作业条件。

1）所用材料已检验合格。

2）确认砂浆配合比，并根据现场材料调整好施工配合比。

3）确认砂浆搅拌后台已对砂浆品种、强度等级、配合比、搅拌制度、操作规程等挂牌。

3. 材料和施工质量控制

（1）材料要点。

1）水泥进场使用前，必须对其强度、安定性进行抽样复验，其中见证抽样数量应符合有关规定。

2）砂应有检验报告，合格方可使用。

3）所用的材料应有产品出厂合格证书、产品性能型式检验报告。

4）应对块材、水泥、钢筋、外加剂、预拌砂浆、预拌混凝土的主要性能进行检验，证明质量合格并符合设计要求。

（2）技术要点。

1）施工中应按设计文件确定选用砂浆的品种、强度等级。

2）砌筑砂浆的分层度不应大于 30mm，水泥砂浆的最少水泥用量不应小于 $200kg/m^3$。

（3）质量要点。

1）原材料计量符合以下规定：

a. 现场拌制时，必须按配合比对其原材料进行重量计量。

b. 水泥、各种外加剂和掺合料等配料精确度应控制在±2%以内。

c. 砂、水等组分的配料精确度应控制在±5%以内。砂的含水量应计入对配料的影响。

d. 计量器具应在其计量检定有效期内，保持其精度符合要求。

2）砌筑砂浆稠度应按表 9-1 选用。

表 9-1   砌 筑 砂 浆 稠 度

砌体种类	砂浆稠度（mm）	砌体种类	砂浆稠度（mm）
烧结普通砖砌体	70～90	灰砂砖砌体	50～70
轻集料混凝土小型空心砌块砌体	60～80	普通混凝土型空心砌块	50～70
烧结多孔砖、空心砖砌体	60～80	石砌体	30～50

3）砂浆应随拌随用，水泥砂浆和水泥混合砂浆应分别在 3h 和 4h 内使用完毕。当施工期间最高气温超过 30℃时，应分别在拌成后 2h 和 3h 内使用完毕。对掺用缓凝剂的砂浆，其使用时间可根据具体情况延长。

4. 施工工艺

（1）工艺流程。原材料计量→投料→搅拌→出料及试块制作。

（2）操作工艺。

1）原材料计量。根据现场材料进行配合比的调整，对所投材料过磅，并做计量记录。

2）投料。

a. 水泥砂浆投料顺序为砂→水泥→水。应先将砂与水泥干拌均匀，再加水拌合。

b. 水泥混合砂浆投料顺序为砂→水泥→掺合料→水。应先将砂与水泥干拌均匀，再加掺合料（石灰膏）和水拌合。

c. 水泥粉煤灰砂浆投料顺序为砂→水泥→粉煤灰→水。应先将砂、水泥、粉煤灰干拌均匀，再加水拌合。

d. 掺用外加剂时，应先将外加剂按规定浓度溶于水中，在拌合水投入时投入外加剂溶液，外加剂不得直接投入拌制的砂浆中。

3）搅拌。砌筑砂浆应采用机械搅拌，搅拌时间应自开始加水算起，并应符合下列规定：

a. 水泥砂浆和水泥混合砂浆不得少于 120s。

b. 对预拌砌筑砂浆和掺有粉煤灰、外加剂、保水增稠材料等的砂浆，不得少于 180s。

5. 安全环保措施

（1）安全措施。

1）施工前应对所有操作人员进行安全技术交底，制订安全管理措施。

2）配备必要的安全防护用品安全帽、口罩等，防止吸入粉尘、腐蚀皮肤。

3）施工前对所有机具进行安全和机械性能方面检查，砂浆搅拌机械必须符合《建筑机械使用安全技术规程》（JGJ 33），施工中加强对机械维护、保养，机械操作人员必须持证上岗。

4）严格实施《施工现场临时用电安全技术规范》（JGJ 46）有关规定，确保各种用电机具的安全使用，严禁乱拉临时用电线路。

（2）环保措施。

1）加强宣传与教育，提高施工人员的环保意识，强化环保管理力度，落实环保措施。

2）粉尘的排放控制：对砂、石、水泥、粉状外加剂等材料遮盖，搅拌机应搭设搅拌棚或四周围护，砌块搬运应清扫；大风天气严禁筛制含有粉尘污染的材料。散装水泥应使用专用密封容器；袋装水泥应设专用库房，并采取防潮措施。

3）现场搅拌时，应设置施工污水处理设施。施工污水未经处理不得随意排放，需要向施工区外排放时，必须经相关部门批准方可排放。

4）洒落的原材料应及时回收利用，施工垃圾应集中堆放，及时清运。

5）搅拌机应搭设搅拌棚，并进行隔声围护，施工期间禁止用铁锤、铁锹敲击料斗或滚筒。

6）施工现场使用或维修机械时，应有防滴漏油措施，严禁将机油滴漏于地表，造成土壤污染。维修完毕后，应将废弃的棉丝（布）等集中回收，严禁随意丢弃或燃烧处理。

任务 1.2　砂浆试块制作

砂浆试块制作的目的是检验砂浆的实际强度，确定砂浆是否达到设计要求的强度等级。

（1）试块尺寸和数量。试块尺寸为 70.7mm × 70.7mm × 70.7mm，形状为立方体，每组 3 个试块。

抽检数量：每一验收批且不超过 250m³ 砌体中各种类型及强度等级的砌筑砂浆，每台搅拌机应至少抽检一次。

检验方法：在砂浆搅拌机出料口随机取样制作砂浆试块（同盘砂浆只应制

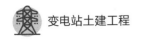

作一组试块），最后检查试块强度试验报告单。

（2）试模和捣棒。

1）试模内空尺寸为 70.7mm×70.7mm×70.7mm，由铸铁或钢制成的带底试模，应具有足够的刚度并拆装方便，砂浆试模如图 9-1 所示。试模的内表面应机械加工，其不平度为每 100mm 不超过 0.05mm。组装后各相邻面的不垂直度不应超过±0.5°。

图 9-1　砂浆试模

2）砂浆试模捣棒为直径 10mm，长 350mm 的钢棒，端部磨圆。

（3）立方体抗压强度试块的制作及养护应按下列步骤进行：

1）用黄油等密封材料涂抹试模的外接缝，试模内涂刷薄层机油或隔离剂。

2）将拌制好的砂浆一次性装满砂浆试模，成型方法应根据稠度确定。当稠度大于 50mm 宜采用人工插捣成型，当稠度不大于 50mm 宜采用振动台振实成型。

人工插捣：应采用捣棒均匀地由边缘向中心按螺旋方式插捣 25 次，插捣过程中当砂浆沉落低于试模口时，应随时添加砂浆，可用油灰刀插捣数次，应用手将试模一边抬高 5～10mm 各振动 5 次，砂浆应高出试模顶面 6～8mm。

机械振动：将砂浆一次装满试模，放置到振动台上，振动时试模不得跳动，振动 5～10s 或持续到表面泛浆为止，不得过振。

3）应待表面水分稍干后，再将高出试模部分的砂浆沿试模顶面刮去并抹平。

4）试块制作后应在温度为（20±5）℃下静置（24±2）h，对试块编号、拆模。

当气温较低或凝结时间大于 24h 的砂浆可适当延长时间，但不应超过 2d。

试块拆模后应立即放入温度为（20±2）℃，相对湿度为 90%以上的标准养护室中养护。养护期间，试块彼此间隔不小于 10mm，混合砂浆、湿拌砂浆试块上面应覆盖，防止有水滴在试块上。

5）从搅拌加水开始计时，标准养护龄期应为 28d，也可根据相关标准要求增加 7d 或 14d。

|项目二 砌 体 砌 筑|

任务 2.1 砖砌体砌筑

砖砌体是用砖和砂浆砌筑成的整体材料，是目前使用最广泛的一种建筑材料。砖有实心砖、多孔砖和空心砖，按其生产方式不同可以分为烧结砖和蒸压（或蒸养）砖两大类。

1. 砖砌体施工的一般要求

（1）砖的品种、规格、强度等级必须符合设计要求。用于清水墙、柱表面的砖，应边角整齐，色泽均匀。

（2）含水率控制：常温下砌砖，一般应提前 1d 对砖块浇水润湿，避免砌筑后砖块过多吸收砂浆中的水分而影响钻结力，并可除去砖面上的粉末。浇水不宜过多，否则会产生砌体走样或滑动。对普通砖、空心砖含水率宜控制在 10%～15%为宜。灰砂砖、粉煤灰砖含水率控制在 5%～8%为宜。

（3）宜采用"三一"砌筑法，即一铲灰、一块砖、一揉压的砌筑方法。当采用铺浆法砌筑时，铺浆长度不得超过 750mm，施工期间气温超过 30℃时，铺浆长度不得超过 500mm。

（4）砖砌体施工质量控制等级分为 3 级，见表 9-2。

表 9-2 砖砌体施工质量控制等级

项目	砖砌体施工质量控制等级		
	A	B	C
现场质量管理	制度健全，并严格执行。施工方质量监督人员经常到现场，或现场设有常驻代表。施工方有在岗专业技术管理人员，人员齐全，持证上岗	制度基本健全，并能执行。施工方质量监督人员间断地到现场进行质量控制。施工方有在岗专业技术管理人员，并持证上岗	有制度。施工方质量监督人员很少作现场质量控制。施工方有在岗专业技术管理人员
砂浆、混凝土强度	试块按规定制作，强度满足验收规定，离散性小	试块按规定制作，强度满足验收规定，离散性较大	试块强度满足验收规定，离散性大

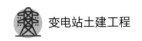

项目	砖砌体施工质量控制等级		
	A	B	C
砂浆拌和方式	机械拌和。配合比计量控制严格	机械拌和。配合比计量控制一般	机械或人工拌和。配合比计量控制较差
砌筑工人	中级工以上，其中高级工不少于30%	高、中级工不小于70%	初级工以上

（5）在墙上留置临时施工洞口，其侧边离交接处墙面不应小于500mm，洞口净宽度不应超过1m。临时施工洞口应及时做好补砌。

（6）下列墙体或部位不得设置脚手眼：半砖厚墙、过梁上与过梁成60°的三角形范围及过梁净跨度1/2的高度范围内、宽度小于1m的窗间墙、墙体门窗洞口两侧200mm和转角处250mm范围内、梁或梁垫下及其左右500mm范围内、设计不允许设置脚手眼的部位、轻质墙体、夹心复合墙外叶墙。脚手眼补砌时，应清除脚手眼内掉落的砂浆、灰尘；脚手眼处砖及填塞用砖应湿润，并应填实砂浆。

（7）设计要求的洞口、管道、沟槽应在砌筑时正确留出或预埋，未经设计同意，不得打凿墙体或在墙体上开凿水平沟槽。宽度超过300mm的洞口上部，应设置过梁。不应在截面长边小于500mm的承重墙体、独立柱内埋设管线。

（8）砖墙每日砌筑高度不得超过1.5m。砖墙分段砌筑时，分段位置宜设在变形缝、构造柱或门窗洞口处。相邻工作段的砌筑高度不得超过一个楼层高度，也不宜大于4m。

2. 砖砌体施工程序

砌砖施工通常包括抄平、放线，摆砖样，立皮数杆，盘角、挂线，砌砖等工序。

砌筑应按一定的施工顺序进行：当基底标高不同时，应从低处砌起，并由高处向低处搭接。当设计无要求时，搭接长度不应小于基础扩大部分的高度。墙体砌筑时，内外墙应同时砌筑，不能同时砌筑时，应留槎并做好接槎处理。

（1）抄平、放线。

1）底层抄平、放线。当基础砌筑到±0.000时，依据施工现场±0.000标准水准点在基础面上用水泥砂浆或细石混凝土找平，并在建筑物四角外墙面上引测±0.000 标高，画上符号并注明，作为楼层标高引测点。

依据施工现场龙门板上的轴线钉拉通线，并沿通线挂线锤，将墙轴线引测到基础面上，再以轴线为标准弹出墙边线，定出门窗洞口的平面位置。轴线放好并经复查无误后，将轴线引测到外墙面上，画上特定的符号，作为楼层轴线引测点。

2）楼层轴线、标高引测。墙体砌筑到各楼层时，根据设在底层的轴线引测点，利用经纬仪或铅垂球，把控制轴线引测到各楼层外墙上。根据设在底层的标高引测点，利用钢尺向上直接丈量，把控制标高引测到各楼层外墙上。

3）楼层抄平、放线。轴线和标高引测到各楼层后，就可进行各楼层的抄平、放线。为了保证各楼层墙身轴线的重合，并与基础定位轴线一致，引测后，一定要用钢尺丈量各轴线间距，经校核无误后，再弹出各分间的轴线和墙边线，并按设计要求定出门窗洞口的平面位置。砖砌体的位置及垂直度允许偏差见表 9－3。

表 9－3　　　　　　　　　　　砖砌体的位置及垂直度允许偏差

项次	项目		允许偏差（mm）	检验方法
1	轴线位置偏移		10	用经纬仪和尺检查或用其他测量仪器检查
2	垂直度	每层	5	用 2m 托线板检查
		全高　≤10m	10	用经纬仪、吊线和尺检查，或用其他测量仪器检查

（2）摆砖样。摆砖样是指在墙基面上，按墙身长度和组砌方式试摆砖样（生摆，即不铺灰），核对所弹的门洞位置线及窗口、附墙垛的墨线是否符合所选用砖型的模数，对灰缝进行调整，以使每层砖的砖块排列和灰缝均匀，并尽可能减少砍砖。

（3）立皮数杆。皮数杆是一种方木标志杆。立皮数杆的目的是用于控制每皮砖砌筑时的竖向尺寸，并使铺灰、砌砖的厚度均匀，保证砖缝水平。皮数杆上除画有每皮砖和灰缝的厚度外，还应标出门窗洞、过梁、楼板等的位置和标高，用于控制墙体各部位构件的标高，皮数杆示意图如图 9－2 所示。

皮数杆长度应有一层楼高（不小于 2m），一般立于墙的转角处，内外墙交接处，立皮数杆时，应使皮数杆上的±0.000 线与房屋的标高起点线相吻合。

91

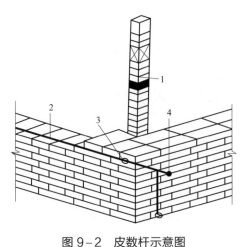

图 9-2　皮数杆示意图

1—皮数杆；2—准线；3—竹片；4—铁钉

（4）盘角、挂线。砌墙前应先盘角，即对照皮数杆的砖层和标高，先砌墙角。每次盘角砌筑的砖墙高度不超过 5 皮，并应及时进行吊靠，如发现偏差及时修整。根据盘角将准线挂在墙侧，作为墙身砌筑的依据。每砌一皮，准线向上移动一次。砌筑一砖厚及以下者，可采用单面挂线。砌筑一砖半厚及以上者，必须双面挂线。每皮砖都要拉线看平，使水平缝均匀一致，平直通顺。

实心砖砌体一般采用一顺一丁、三顺一丁、梅花丁的砌筑形式，以提高墙体的整体性、稳定性和强度，满足上下错缝、内外搭砌的要求，砖砌体的砌筑形式如图 9-3 所示。

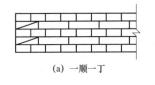
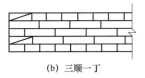
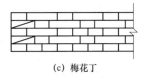

（a）一顺一丁　　　　　（b）三顺一丁　　　　　（c）梅花丁

图 9-3　砖砌体的砌筑形式

240mm 厚承重墙的最上一皮砖，应用丁砌层砌筑。梁及梁垫的下面，砖砌体的阶台水平面上以及砖砌体的挑檐，腰线的下面，应用丁砌层砌筑。

设置钢筋混凝土构造柱的砌体，构造柱与墙体的连接处应砌成马牙槎，从每层柱脚开始，先退后进，每一马牙槎沿高度方向的尺寸不宜超过 300mm。沿墙高每 500mm 设 $2\phi6$ 拉结钢筋。每边伸入墙内不宜小于 1m。预留伸出的拉结钢筋，不得在施工中任意弯折，如有歪斜、弯曲，在浇灌混凝土之前，应校正到正确位置并绑扎牢固。

填充墙、隔增应分别采取措施与周边构件可靠连接。必须把预埋在柱中的拉结钢筋砌入墙内，拉结钢筋的规格、数量、间距、长度应符合设计要求。填充墙砌至接近梁、板底时，应留一定空隙，待填充墙砌筑完并间隔 15d 以后，再采用侧砖、或立砖斜砌挤紧，其倾斜度宜为 60°左右。

3. 砖砌体质量要求

砖砌体砌筑质量的基本要求是：横平竖直、厚薄均匀，砂浆饱满，上下错缝、内外搭砌，接槎牢固。

（1）横平竖直、厚薄均匀。砖砌的灰缝应横平竖直，厚薄均匀。这既可保证砌体表面美观，也能保证砌体均匀受力。竖向灰缝应垂直对齐，否则会影响砌体外观质量。

水平灰缝厚度宜为 10mm，但不应小于 8mm，也不应大于 12mm。过厚的水平灰缝容易使砖块浮滑，且降低砌体抗压强度。过薄的水平灰缝会影响砌体之间的黏结力。

（2）砂浆饱满。砌体水平灰缝的砂浆饱满度不得小于 80%，砌体的受力主要通过砌体之间的水平灰缝传递到下面，水平灰缝不饱满影响砌体的抗压强度。竖向灰缝不得出现透明缝、瞎缝和假缝，竖向灰缝的饱满程度，影响砌体抗透风、抗渗和砌体的抗剪强度。

（3）上下错缝、内外搭砌。上下错缝是指砖砌体上下两皮砖的竖缝应当错开，以避免上下通缝。在垂直荷载作用下，砌体会由于"通缝"而丧失整体性，影响砌体强度。内外搭砌是指同皮的里外砌体通过相邻上下皮的砖块搭砌而组砌得更加牢固。

（4）接槎牢固。接槎是指相邻砌体不能同时砌筑而设置的临时间断，为便于先砌砌体与后砌砌体之间的接合而设置。为使接槎牢固，后面墙体施工前，必须将留设的接槎处表面清理干净，浇水湿润，并填实砂浆，保持灰缝平直。砌体接槎设置如图 9-4 所示。

砖砌体的转角处和交接处应同时砌筑，严禁无可靠措施的内外墙分砌施工。对不能同时砌筑而又必须留置的临时间断处应砌成斜槎，斜槎水平投影长度不应小于高度的 2/3。

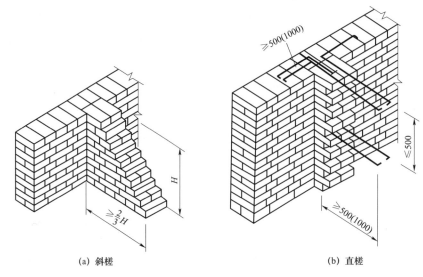

(a) 斜槎   (b) 直槎

图 9-4   砌体接槎设置

　　非抗震设防及抗震设防烈度为 6 度和 7 度地区的临时间断处，当不能留斜槎时，除转角处外，可留直槎，但直槎必须做成凸槎。留直槎处应加设拉结钢筋，拉结钢筋的数量为每 120mm 墙厚放置 1φ6 拉结钢筋（120mm 厚墙放置 2φ6 拉结钢筋），间距沿墙高不应超过 500mm。埋入长度从留槎处算起每边均不应小于 500mm，对抗震设防烈度 6 度和 7 度的地区，不应小于 1000mm。末端应有 90°弯钩。

　　砖砌体的一般尺寸允许偏差见表 9-4。

表 9-4   砖砌体的一般尺寸允许偏差

序号	项目	允许偏差（mm）	检验方法	抽检数量
1	基础顶面和楼面标高	±15	用水平仪和尺检查	不应小于 5 处
2	表面平整度	8	用 2m 靠尺和楔形塞尺检查	有代表性自然间 10%，但不应小于 3 间，每间不小于 2 处
3	门窗洞口高、宽（后塞口）	±5	用尺检查	检验批洞口的 10%，且不应少于 5 处
4	外墙上下窗口偏移	20	以底层窗口为准，用经纬仪或吊线检查	检验批的 10%，且不少于 5 处
5	水平灰缝平直度	10	拉 10m 线和尺检查	有代表性自然间 10%，但不应小于 3 间，每间不小于 2 处

（5）勾缝。清水墙砌筑应随砌随勾缝，其深度控制在 8～10mm，缝深浅应一致，清扫干净。勾缝时应采用专用工具，要注意保护砖的棱角。

勾缝是清水墙的装修工序，砂子要经过 3mm 筛孔的筛子过筛。勾缝前一天应将墙面浇水湿透，勾缝时应根据砖缝宽度加工专用勾缝工具，勾成凹圆弧形，凹缝深度为 4～5mm，勾缝水泥砂浆稠度宜为 40～50mm。勾缝顺序为：从上而下，自左向右，先横后竖。

清水墙砌体的一般尺寸允许偏差见表 9－5。

表 9－5　　　　　　　清水墙砌体的一般尺寸允许偏差

项次	项目	允许偏差（mm）	检验方法	抽检数量
1	基础顶面和楼面标高	±15	用水平仪和尺检查	不应小于 5 处
2	表面平整度	5	用 2m 靠尺和楔形塞尺检查	有代表性自然间 10%，但不应小于 3 间，每间不小于 2 处
3	门窗洞口高、宽（后塞口）	±5	用尺检查	检验批洞口的 10%，且不应少于 5 处
4	外墙上下窗口偏移	20	以底层窗口为准，用经纬仪或吊线检查	检验批的 10%，且不少于 5 处
5	水平灰缝平直度	7	拉 10m 线和尺检查	有代表性自然间 10%，但不应小于 3 间，每间不小于 2 处
6	清水墙游丁走缝	20	吊线和尺检查，以每层第一皮砖为准	有代表性自然间 10%，但不应少于 3 间，每间不小于 2 处

4. 安全措施

（1）对操作架子进行认真检查，内墙架子可用高凳，其间距不超过 2m，架板宽度不小于 0.6m，墙体超过 3.6m 时根据墙体用料搭设单排或双排架子。

（2）架子上的料具必须放稳，严格控制架子上的荷载，砖不能超过侧立三皮，其他砌块不超过两皮，在同一块脚手板上的操作人员不得超过 2 人。

（3）运输材料必须遵守相关设备的安全操作规程。

（4）架子上作业，禁止穿高跟鞋和拖鞋，必须戴安全帽和使用相关安全劳保护品。

（5）禁止攀登和站在墙体上进行工作。

（6）锯割砌块尽量在地面集中进行，并采取防止粉尘飞扬，采取洒水和及

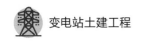

时清理，操作人员应戴口罩，机械设备应有安全防护装置。

（7）清理建筑垃圾应及时、趁灰浆干燥前进行，防止粉尘飞扬。

任务 2.2　石砌体砌筑

石砌体包括毛石砌体和料石砌体两种。所选石材应质地坚实，无风化剥落和裂纹。用于清水墙、柱表面的石材，还应色泽均匀。

1. 毛石砌体

毛石砌体宜分皮卧砌，并应上下错缝、内外搭砌、不能采用外面侧立石块中间填心的砌筑方法。毛石基础的第一皮石块应座浆，并将大面向下。毛石砌体的第一皮及转角处、交接处和洞口处，应用较大的平毛石砌筑。每个楼层（包括基础）砌体的最上一皮、宜选用较大的毛石砌筑。

毛石墙必须设置拉结石，拉结石应均匀分布，相互错开，一般每 $0.7m^2$ 墙面至少应设置一块，且同皮内的中距不应大于 2m。

毛石砌体每日的砌筑高度不应超过 1.2m，毛石墙和砖墙相接的转角处和交接处应同时砌筑。

砌筑毛石挡土墙应符合下列规定：① 每砌 3～4 皮为一个分层高度，每个分层高度应找平一次；② 外露面的灰缝厚度不得大于 40mm，两个分层高度间分层处的错缝不得小于 80mm；③ 泄水孔应均匀设置，在每米高度上间隔 2m 左右设置一个泄水孔；④ 泄水孔与土体间铺设长宽各为 300mm、厚 200mm 的卵石或碎石作疏水层。

2. 料石砌体

料石砌体砌筑时，应放置平稳。砂浆饱满度不应小于 80%。

料石基础砌体的第一皮应用丁砌层座浆砌筑，料石砌体也应上下错缝搭砌，砌体厚度大于或等于两块料石宽度时，如同皮内全部采用顺砌，每砌两皮后，应砌一皮丁砌层。如同皮内采用丁顺组砌，丁砌石应交错设置，丁砌石中距不应大于 2m。

用料石和毛石或砖的组合墙中，料石砌体和毛石砌体或砖砌体应同时砌筑，并每隔 2～3 皮料石层用丁砌层与毛石砌体或砖砌体拉结砌合。丁砌料石的长度宜与组合墙厚度相同。

料石挡土墙，当中间部分用毛石砌时，丁砌料石伸入毛石部分的长度不应小于 200mm。

毛料石和粗料石砌体灰缝厚度不宜大于 20mm。细料石砌体灰缝厚度不宜大于 5mm。

3. **安全措施**

（1）操作人员应戴安全帽和帆布手套。搬运石块应检查搬运工具及绳索是否牢固，抬石应用双绳。

（2）墙身砌体高度超过地坪 1.2m 以上时，应搭脚手架。砌石用的脚手架和防护栏板要牢固可靠，需经检查验收方可使用，施工中严禁随意拆除或改动。砌筑时，脚手架上堆石不宜过多，应随砌随运。

（3）用锤敲打石料时，应先检查铁锤有无破裂、锤柄是否牢固。打锤或修改石材时要注意打凿方向，避免飞石伤人。严禁在墙顶或脚手架上修改石料，以免振动墙体影响质量或片石掉下伤人。

（4）不准徒手移动上墙的石块，以免压破手指或擦伤手指；不准勉强在超过胸部的墙体上砌筑毛石，以免将墙体碰撞倒或上石时失手掉下造成安全事故。

（5）石块不得往下投掷，运石上下时，脚手板要钉装牢固，并打防滑条及扶手栏杆。

项目三 安全风险管控要点

（1）作业人员严禁站在墙身上进行砌砖、勾缝、检查大角垂直度及清扫墙面等作业或在墙身上行走。

（2）采用门型脚手架上下榀门架的组装必须设置连接棒和锁臂。在脚手架的操作层上必须连续满铺与门架配套的挂钩式钢脚手板。当操作层高度大于等于 2m 时，应布设防护栏杆。脚手架上堆料量不准超过荷载，侧放时不得超过三层。同一块脚手板上的操作人员不超过 2 人。不准用不稳固的工具或物体在脚手板上垫高操作，同一垂直面内上下交叉作业时，必须设安全隔板，作业面应设置挡脚板。

（3）作业人员在高处作业前，应准备好使用的工具，严禁在高处砍砖，必须使用七分头、半砖时，宜在下面用切割机进行切割后运送到使用部位。在高处作业时，应注意下方是否有人，不得向墙外砍砖。下班前应将脚手板及墙上的碎砖、灰浆清扫干净。砌筑用的脚手架在施工未完成时，严禁任何人随意拆除支撑或挪动脚手板。

（4）作业人员在操作完成或下班时，应将脚手板上及墙上的碎砖、砂浆清扫干净后再离开，施工作业应做到工完、料尽、场地清。

（5）吊运砖、砂浆的料斗不能装得过满，吊臂下方不得有人员行走或停留。严禁抛掷材料、工器具。

模块十 建筑装饰装修工程

|项目一 抹 灰|

任务 1.1 基层处理

1. 抹灰工程的组成

抹灰工程的组成。为使抹灰层与基层黏结牢固，防止起鼓开裂并使之表面平整，一般应分层操作，即分底层、中层和面层，如图 10-1 所示。

（1）底层。底层主要起到与基层的黏结和初步找平的作用。

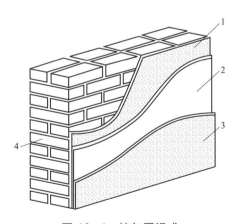

图 10-1 抹灰层组成

1—底层；2—中层；3—面层；4—基体

（2）中层。中层主要起找平作用。

（3）面层。面层主要起装饰作用。

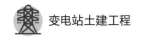

2. 基层处理

为使抹灰砂浆与基层表面黏结牢固，防止抹灰层产生空鼓现象，抹灰前应对基层进行必要的处理。

（1）基层表面处理。

1）应清除干净附在基层表面的尘土、污垢、油渍、残留灰等，并洒水湿润。

2）墙上的脚手孔洞应堵塞严密，外墙脚手孔应使用微膨胀细石混凝土分次塞实成活，并在洞口外侧先加刷一道防水增强层。

3）凡水暖、通风管道通过的墙洞和凿剔墙后安装的管道周边，应用 M20 水泥砂浆填补密实、平整。

4）门窗周边的缝隙应用水泥砂浆分层嵌填密实，以防因振动而引起抹灰层剥落、开裂。

5）混凝土基层表面应进行毛化处理，其方法为凿成麻面或划凹槽处理，或采用机械喷涂 M15 水泥砂浆和涂抹界面砂浆。

6）墙面凹度较大时应分层衬平，每层厚度不应大于 7～9mm。

7）光滑、平整的混凝土表面如设计无要求时，可不必抹灰，可进行刮腻子处理。

8）砌块的基层，应在抹灰前一天浇水湿润，水应渗入墙面内 10～20mm。对于混凝土小型空心砌块砌体和混凝土多孔砖砌体的基层，不需要浇水润湿。

（2）不同材料交接处加强措施。不同材料基体交接处，需要采取铺设钢丝网或耐碱玻纤网布等加强措施，以切实保证抹灰工程的质量。

1）当墙体为空心砖、加气混凝土砌块时，采用钢丝网或耐碱玻纤网布满布，由上至下，搭接宽度每边不应小于 150mm。并采用机械喷涂 M15 水泥砂浆（内掺适量胶黏剂）和涂抹界面砂浆进行粘贴，要求牢固、紧贴墙面、平整、无空鼓，如图 10－2（a）所示。

2）墙体与混凝土柱、梁的交接处，采用铺钉钢丝网加强措施，钢丝网与各基体的搭接宽度不应小于 150mm。钢丝网宜选用 12.7mm×12.7mm，丝径 0.9mm，搭接时应错缝，用带尾孔射钉双向间距 300mm 呈梅花形错位锚固。如图 10－2（b）所示。

（3）质量要求与检验。

1）抹灰前基层表面的尘土、污垢、油渍等应清除干净，并应洒水润湿。

(a) 墙面粘贴耐碱玻纤网　　　　　　(b) 墙面钉钢丝网加强

图 10-2　不同基体加强措施处理示意图

2）抹灰工程应分层进行。当抹灰总厚度大于或等于 30mm 时，应采取加强措施。不同材料基体交接处表面的抹灰，应采取防止开裂的加强措施，当采用加强网时，加强网与各基体的搭接宽度不应小于 150mm。当墙体为空心砖、加气混凝土砌块时，采用加强网满布，由上至下，搭接宽度每边不应小于 150mm。

任务 1.2　普通抹灰

一般抹灰划分为二个等级，即普通抹灰和高级抹灰。

施工顺序通常是先外墙后内墙、先上面后下面。外墙由屋檐开始自上而下，先抹阳角线（包括门窗角、墙角）、台口线，后抹窗台和墙面，再做勒脚、散水和明沟。内墙抹灰，应待屋面防水完工后，顶棚抹灰完成，一般应按先房间、后走廊、再楼梯和门厅等的顺序进行。

1. 砂浆选用

抹灰砂浆的品种宜根据使用部位或基体种类选择，抹灰砂浆的品种选用见表 10-1。

表 10-1　　　　　　　　　　　　抹灰砂浆的品种选用

使用部位或基体种类	抹灰砂浆品种
内墙	水泥抹灰砂浆、水泥石灰抹灰砂浆、水泥粉煤灰抹灰砂浆、掺塑化剂水泥抹灰砂浆、聚合物水泥抹灰砂浆、石膏抹灰砂浆
外墙、门窗洞口外侧壁	水泥抹灰砂浆、水泥粉煤灰抹灰砂浆
温（湿）度较高的车间和房屋、地下室、屋檐、勒脚等	水泥抹灰砂浆、水泥粉煤灰抹灰砂浆

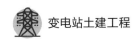

使用部位或基体种类	抹灰砂浆品种
混凝土板和墙	水泥抹灰砂浆、水泥石灰抹灰砂浆、聚合物水泥砂浆、石膏抹灰砂浆
加气混凝土砌块（板）	水泥石灰抹灰砂浆、水泥粉煤灰抹灰砂浆、掺塑化剂水泥抹灰砂浆、聚合物水泥抹灰砂浆、石膏抹灰砂浆

2. 一般要求

（1）抹灰前必须先找好规矩，即四角规方、横线找平、立线吊直、弹出准线和墙裙、踢脚板线。

（2）抹灰层平均总厚度。

1）内墙：平均厚度不宜大于 20mm。

2）外墙：墙面抹灰的平均厚度不宜大于 20mm，勒脚抹灰的平均厚度不宜大于 25mm。

3）蒸压加气混凝土砌块基层抹灰平均厚度宜控制在 15mm 以内，当采用聚合物水泥砂浆抹灰时平均厚度宜控制在 5mm 以内，采用有石膏砂浆抹灰时，平均厚度宜控制在 10mm 以内。

（3）当抹灰层厚度大于 30mm 时，应采取与基体黏结的加强措施。当抹灰层总厚度超过 50mm 时，加强措施应由设计单位确认。

（4）抹灰时墙面不得有明水，抹灰应分层进行，应待前一层达到六七成干后再涂抹后一层。涂抹水泥抹灰砂浆，每层厚度宜为 5~7mm。涂抹水泥石灰抹灰砂浆，每层宜为 7~9mm。

（5）强度高的水泥抹灰砂浆不应涂抹在强度低的水泥抹灰砂浆基层上。

（6）各层抹灰砂浆在凝结硬化前，应防止暴晒、淋雨、水冲、撞击、振动。

（7）在抹灰 24h 以后进行保湿养护，养护时间不得少于 7d。

3. 内墙面抹灰

（1）工艺流程。基体表面处理→吊垂直、套方、找规矩、做灰饼→抹冲筋（标筋）→抹护角线→抹窗台板→抹底层中层灰→抹面灰→抹踢脚（墙裙）。

（2）施工要点。

1）吊垂直、套方、找规矩、做灰饼。先用托线板检查墙面的平整垂直程度，根据检查的实际情况并兼顾抹灰总的平均厚度规定，用一面墙做基准吊垂直、套方、找规矩，确定墙面抹灰厚度（最薄处不宜小于 5mm），以此确定灰饼厚度。墙面凹度较大时应分层衬平，每层厚度为 7～9mm。操作时应先抹上灰饼，再抹下灰饼。抹灰饼时应根据室内抹灰要求，确定灰饼的正确位置，再用靠尺板找好垂直与平整。

做灰饼方法：在离地 1.5m 左右的高度，距墙面两边阴角 100～200mm 处，各做一个用 M15 水泥砂浆抹成的 50mm×50mm，厚度以墙面平整垂直决定的灰饼。然后根据这两个灰饼，用托线板或线锤吊挂垂直，做墙面下角的两个灰饼，高低位置一般在踢脚线上口，厚度以垂直为准。再用铁钉钉在左右灰饼附近墙缝里，拴上小线挂好通线，并根据小线位置每隔 1.2～1.5m 上下加做若干灰饼。如图 10-3（a）所示。

2）抹冲筋（标筋）。待灰饼砂浆硬化后，用与抹灰底层相同的砂浆在上下灰饼之间抹上一条冲筋，其宽度和厚度均与灰饼相平，作为抹底层及中层的厚度控制和赶平的标准。冲筋的两边用刮尺修成斜面，以便与抹灰层结合牢固。

冲筋根数应根据房间的宽度和高度确定。当墙面高度小于 3.5m 时，宜做立筋，两筋间距不宜大于 1.5m。墙面高度大于 3.5m 时，宜做横筋，两筋间距不宜大于 2m。如图 10-3（b）所示。

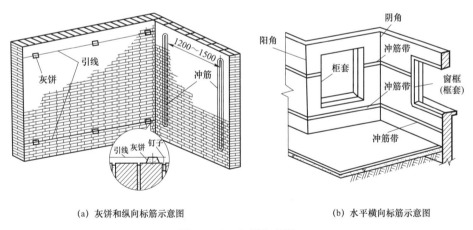

(a) 灰饼和纵向标筋示意图　　　　　　(b) 水平横向标筋示意图

图 10-3　灰饼和标筋

3）抹护角线。室内墙面、柱面、门窗洞口的阳角处抹灰要求线条清晰、挺直，并不易碰坏，故该处应用水泥砂浆做护角。

护角线做法：根据灰饼厚度抹灰，然后粘好八字靠尺，并找方吊直，用 M20 砂浆分层抹平，待砂浆稍干后，再用抿角器抹成小圆角，如图 10-4 所示。过

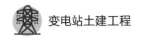

梁底部抹灰要方正。

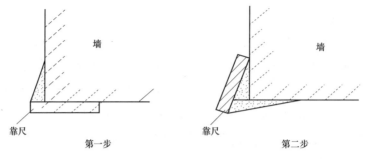

图 10-4　护角做法示意图

4）抹窗台板。室内窗台的施工，一般与抹窗口护角时同时进行，也可在做窗口护角时只打底，随后单独进行窗台面板和出檐的罩面抹灰。

5）抹底层中层灰。

a. 抹底层灰。一般情况下冲筋完成 2h 左右可开始抹底灰。抹前应先抹一层薄灰，要求将基体抹严，抹时用力压实使砂浆挤入细小缝隙内，接着分层装档（将砂浆抹于两筋之间称装档）。在两冲筋之间的墙面上抹满砂浆后，有长刮尺两头靠着冲筋，从上而下进行刮灰，使底层灰略低于冲筋面。再用木抹子压实搓毛，去高补低搓平。

b. 抹中层灰。待底层灰干至六七成后，即可抹中层灰，抹灰厚度以垫平冲筋并使其稍高于冲筋为准。抹上砂浆后，用木杠按冲筋刮平，不平处补抹砂浆，然后再刮，直至平直为止。紧接着用木抹子搓压，使表面平整密实。

墙的阴角处，先用方尺上下核对方正，然后用阴角器上下抹动搓平，使室内四角方正。

然后进行全面检查墙面是否平整、阴阳角是否方正、各面交接处是否光滑平整、管道后抹灰是否抹齐，用靠尺检查墙面的垂直与平整，抹灰后应及时清理散落的砂浆。

6）洞口部位修整。抹面层砂浆完成前，应对预留洞口、电气箱、槽、盒等边缘进行修补，将洞口周边修理整齐、光滑，残余砂浆清理干净。

7）抹面灰。当中层灰有六七成干时，即可开始抹面层灰（如底灰过干应浇水湿润），面层表面必须保证平整、光滑和无裂缝。罩面应两遍成活，面层厚度以 5～8mm 为宜，罩面还灰与灰饼抹平，最好两人同时操作，一人先薄刮一遍，另一人随即抹灰。抹灰时一般应从上而下，自左向右，用杠横竖刮平，木抹子搓毛，铁抹子溜光、压实，墙面上部与下部面层灰接槎处应压抹理顺，不留抹印。待其表面无明水时用软毛刷蘸水垂直方向轻刷一遍，以保证面层灰的颜色一致，避免和减少收缩裂缝。

8）抹踢脚（墙裙）。抹踢脚线（或墙裙）时，应按给定的踢脚线或墙裙上口位置，先弹出一周封闭的上口水平线，用 M20 水泥砂浆分层抹灰，面层应原浆压光，比墙面的抹灰层突出 3～5mm，把八字靠尺靠在线上用铁抹子将上口切齐，修边清理。

4. 外墙面抹灰

（1）工艺流程。基体表面处理→吊垂直、套方、找规矩、做灰饼、冲筋→抹底层中层灰→弹分格线、粘分格条→做滴水线（槽）→抹面灰→养护。

（2）施工要点。

1）吊垂直、套方、找规矩、做灰饼、冲筋。找规矩时应先根据建筑物高度确定放线方法，找规矩要先在建筑物外墙的四大角挂好由上而下的垂直通线，用目测决定其大致的抹灰厚度，每步架的大角两侧最好弹上控制线，再拉水平通线，以此为准线做灰饼，竖向每步加都做一个灰饼，然后以灰饼再做冲筋。尽量做到同一墙面不接槎，必须接槎时，可留在阴阳角或水落管处。其灰饼、冲筋的做法与内墙抹灰相同。

2）抹底层中层灰。用于外墙的抹灰砂浆宜掺和纤维等抗裂材料。当抹灰层需具有防水、防潮功能时，应采用防水砂浆。底层中层灰两层间的间隔时间不应小于 2～7d。其操作方法与内墙抹灰相似。

3）弹分格线、粘分格条。为增加墙面美观，防止产生裂缝，在底层抹灰完后，应按设计图纸和构造要求，将外墙面弹线分格，粘贴分格条。

弹线、分格时，按设计图纸和构造要求的尺寸进行排列分格，弹出竖向和横向分格线。弹线时要按顺序进行，先弹竖向，后弹横向。

粘贴分格条时两侧用抹成八字形的水泥砂浆固定，分格条两侧八字斜角抹成 60°，如图 10-5 所示。其周边要交接严密，横平竖直，不得有错缝或扭曲现象。分格条的宽度和深度应均匀，表面光滑，棱角整齐。

4）做滴水线（槽）。檐口、窗台、窗楣、雨篷、阳台、压顶和突出墙面的腰线以及装饰凸线等部位，应先抹立面，再抹顶面，最后抹底面，并应保证其流水坡度方向正确。顶面应做流水坡度，底面应做滴水线或滴水槽，不得出现倒坡。滴水线和滴水槽的深度和宽度均不应小于 10mm，且整齐一致。如图 10-6～图 10-8 所示。

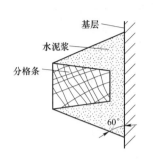

图 10-5　粘贴分格条示意图

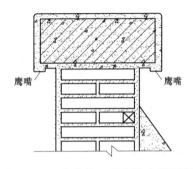

图 10-6　女儿墙、压顶滴水线示意图

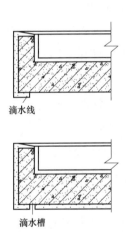

图 10-7　檐口、雨篷滴水线（槽）示意图

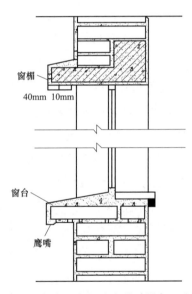

图 10-8　窗台、窗楣滴水线（槽）示意图

窗台抹灰用 M20 水泥砂浆两遍成活。抹灰时，各棱角做成钝角或小圆角，抹灰层应伸入窗框周边的缝隙内，并填满嵌实，以防窗口渗水，窗台表抹灰应平整光滑。

5）抹面层灰。外墙抹灰层要求有一定的防水性能。中层抹平后应搓毛，以便与面层黏结牢固。抹面层灰应待中层灰七八成干后，由屋檐自上而下进行，先薄抹一遍，紧接着抹第二遍，与分格条平。用木杠刮平后，待水分略干时用木抹子搓平，最后用铁抹子揉实压光，抹压遍数不宜太多，避免水泥浆过多挤出。刮杠时要用力适当，防止因压力过大而损伤底层。如面层较干，抹最后一遍时，要有次序地上下挤压且轻重相同，使墙面平整、纹路一致。罩面压光后，用刷子蘸水，按同一方向轻刷一遍，使墙面色泽、纹路均匀，无明显凸坑、抹痕等。

应注意：在抹面层灰以前，先检查底层砂浆有无空鼓、开裂现象，如有空鼓开裂，应剔凿返修后再抹面层灰。另外应注意底层砂浆上尘土、污垢等应先清净，烧水湿润后，方可进行面层抹灰。

6）养护。抹灰完成 24h 以后注意养护，宜洒水养护 7d 以上，冬季施工要有保温措施。

5．季节性施工要求

（1）砂浆抹灰层硬化初期不得受冻，否则会影响抹灰层质量。抹灰时环境温度不宜低于 5℃。

（2）冬期室内抹灰施工时，室内应通风换气，为保证水泥能正常凝结，应观测室内温度，保证不低于 0℃。抹灰层施工完后，不宜浇水养护。寒冷地区不宜进行冬期施工。

（3）湿拌抹灰砂浆冬期施工时，应适当缩短砂浆凝结时间，但应经试配确定。湿拌砂浆的储存容器应采取保温措施。

（4）雨天不宜进行外墙抹灰，当确需施工时，应采取防雨措施，抹灰砂浆凝结前不应受雨淋。

（5）在高温、多风、空气干燥的季节进行室内抹灰时，宜对门窗进行封闭。

（6）夏季施工时，抹灰砂浆应随伴随用，抹灰时应控制好各层抹灰的间隔时间。当前一层过于干燥时，应先洒水润湿，再抹第二层灰。夏季气温高于 30℃时，外墙抹灰应采取遮阳措施，并应加强养护。

6．质量要求与检验

（1）主控项目。

1）抹灰层与基层之间及各抹灰层之间必须黏结牢固，抹灰层应无脱层，空鼓面积不应大于 400cm²，面层应无爆灰和裂缝，接槎平整。

检验方法：观察、用小锤轻击检查。

2）护角材料、高度符合现行施工标准的规定。门窗框与墙体间缝隙填塞密实。

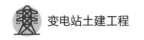

检验方法：观察、小锤轻击和钢尺检查。

（2）一般项目。

1）表面应光滑、洁净、接槎平整，分格缝和灰线应清晰美观。

检验方法：观察、手摸检查。

2）抹灰分格缝的设置应符合设计要求，宽度和深度应均匀一致，表面应光滑密实，棱角应完整。

检验方法：观察、尺量检查。

3）滴水线（槽）应整齐顺直、内高外低，滴水槽宽度和深度均不应小于10mm。

检验方法：观察、尺量检查。

4）允许偏差：立面垂直度不大于 3mm。墙面表面平整度不大于 2mm。阴阳角方正不大于 2mm。分格条（缝）直线度不大于 3mm。墙裙、勒脚上口直线度不大于 3mm。

检验方法：立面垂直度、墙面表面平整度，用 2m 垂直检测尺检查。阴阳角方正，用直角检测尺检查。分格条（缝）直线度、墙裙、勒脚上口直线度，用拉 5m 线，不足 5m 拉通线，用钢直尺检查。

任务 1.3 防水、保温等特种砂浆抹灰

1. 防水砂浆抹灰

有些砌体需要做防水层，防水砂浆一般抹 5 层，具体做法是：先抹水泥砂浆，应均匀密实，再刷素水泥浆，交替抹压操作。由于 5 层是分别抹压，各层的裂缝和毛细孔互不贯通，因而构成了抗渗能力较强的整体防水层。

外墙防水工程严禁在雨天、雪天和五级风及其以上时施工，施工的环境气温室为 5～35℃。

（1）工艺流程。基体表面处理→刷防水素水泥浆→抹底层防水砂浆→刷第二道防水素水泥浆→抹面层防水砂浆→刷最后一道防水素水泥浆→养护。

（2）施工要点。

1）刷防水素水泥浆。在基层处理符合要求合格的基础上，刷第一道防水素水泥浆时，拌合好的素水泥浆摊铺在基层上，再用刷子或扫帚均匀地扫一遍，应随刷随抹防水砂浆。

2）抹底层防水砂浆。用 M15 的水泥砂浆，用抹子搓平搓实，厚度控制在 5mm 以下，养护一天。

配制好的防水砂浆宜在 1h 内用完，施工中不得加水。每层宜连续施工。

3）刷第二道防水素水泥浆。在上层表面指触不粘硬化后，再用防水素水泥浆按上述方法再刷一遍，要求涂刷均匀，不得漏刷。

4）抹面层防水砂浆。待第二素水泥浆收水发白后，就可抹面层防水砂浆，厚度为 5mm 左右，用木搓平搓实外，还要用铁抹子压光。

上下层接槎应错开 300mm 以上，接槎应依层次顺序操作、层层搭接紧密。

5）刷最后一道防水素水泥浆。待面层防水砂浆初凝后，就可刷最后一道防水素水泥浆，并压实、压光，使其面层防水砂浆紧密结合。防水素水泥浆要随拌随用，时间不得超过 45min。

6）养护。砂浆防水层未达到硬化状态时，不得浇水养护或直接受雨水冲刷。防水砂浆终凝后应及时进行保湿养护，养护时间不得少于 14d，养护温度不宜低于 5℃，养护期间不得受冻。聚合物水泥防水砂浆硬化后应采用干湿交替的养护方法。潮湿环境中，可在自然条件下养护。

2. 保温砂浆抹灰施工

保温砂浆抹面构造一般由结构墙体、保温层、耐酸玻璃纤维网格布、装饰面层组成，如图 10-9 所示。

施工期间以及完工后 24h 内，基层及环境空气温度不应低于 5℃。夏季应避免阳光曝晒，在 5 级以上大风天气和降雨天气不得进行外墙外保温系统的施工。

（1）工艺流程。基体表面处理→吊垂直、套方、找规矩→做灰饼、抹冲筋（标筋）→分层抹保温砂浆→粘贴耐酸玻璃纤维网格布→养护。

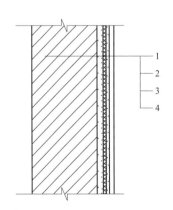

图 10-9　保温砂浆抹面构造示意图
1—结构墙体；2—保温层；
3—耐酸玻璃纤维网格布；4—装饰面层

（2）施工要点。

1）基层表面处理。在基层验收合格的前提下，基层清理干净洒水适量。如果是膨胀珍珠岩砂浆可不洒水。基层界面应采用喷涂或滚涂方式均匀涂满界面砂浆。

2）吊垂直、套方、找规矩，做灰饼、抹冲筋（标筋）。与墙面普通抹灰相同。

3）分层抹保温灰浆。如同普通抹灰砂浆，一般分两层和三层操作。保温砂浆应在界面砂浆干燥固化后施工，且应分层施工，大致分为底、中、面层，每层厚度不超过 15mm，两遍施工间隔时间不应少于 24h。抹完底层灰后隔夜再抹中层，待中层稍干时再用木抹子搓平压实。最后一遍应达到冲筋厚度并用刮杠压实、搓平。保温层与界面层之间、保温层各层之间黏结必须牢固，不应脱层、空鼓、开裂。

抹灰时，一道横抹一道竖抹，互相垂直，抹灰厚度应符合设计要求。抹灰或刮杠、搓平时，用力不要过大，否则压实后孔隙变小，导热系数增大，影响抹灰层隔热保温效果。

4）粘贴耐酸玻璃纤维网格布。粘贴耐酸玻璃纤维网格布的施工，必须在保温砂浆施工完毕后方可进行。

在保温砂浆面层上抹第一层粘贴胶泥，应按先上后下、先左后右的顺序施抹，厚度为 2～3mm，施抹宽度一般为 1.5 倍耐酸玻璃纤维网格布的幅宽，将网格布展开拉紧后，用抹子将网格布压入粘贴胶泥层，网格布左右之间必须有 100mm 的重叠搭界，上下接宽不小于 80mm。待贴网胶泥稍干硬至可以碰触时，再立即用抹子涂抹外层粘贴胶泥找平，厚度为 1.5～2mm，仅以覆盖网格布、微见网格布轮廓为宜，表面应平整，如图 10－10 所示。

在外墙阳角两侧 150mm 范围内应做加强网布，如图 10－11 所示。门窗洞口处粘贴耐酸网格布应卷入门窗口四周，并贴至门窗框。在门窗洞口四角处 45°方向补贴一块 200mm×300mm 的网格布，以防开裂，如图 10－12 所示。

图 10－10　耐酸网格布示意图　　　　图 10－11　阳角两侧
加强网布示意图

(a) 窗口四周　　　　　　　(b) 窗口四角

图 10-12　窗周围粘贴耐酸网格布示意图

5）养护。施工后 24h 内应做好保温层的防护，养护时间不少于 7d。严禁水冲、撞击和振动，墙体保温砂浆施工完工后应做好成品保护。

3. 质量要求与检验

（1）墙面防水砂浆抹灰。

1）主控项目。

a. 砂浆防水层不得有渗漏现象。

检验方法：检查雨后或现场淋水检验记录。

b. 砂浆防水层与基层之间及防水层各层之间应结合牢固，不得有空鼓。

检验方法：观察和用小锤轻击检查。

c. 砂浆防水层在门窗口、伸出外墙管道、预埋件、分格缝及收头等部位的节点做法，应符合设计要求。

检验方法：观察检查和检查隐蔽工程验收记录。

2）一般项目。

a. 砂浆防水层表面应密实、平整，不得有裂纹、起砂、麻面等缺陷。

检验方法：观察检查。

b. 砂浆防水层留茬位置应正确，接茬应按层次顺序操作，应做到层层搭接紧密。

检验方法：观察检查。

c. 建筑外墙砂浆防水层的平均厚度应符合设计要求，最小厚度不得小于设计值的 80%。地下防水工程水泥砂浆防水层的平均厚度应符合设计要求，最小厚度不得小于设计厚度的 85%。

检验方法：观察、用针测法检查。

（2）墙面保温砂浆抹灰。

1）主控项目。

a. 保温层施工应符合设计要求和相关标准的规定。

检验方法：检查隐蔽工程验收记录和施工记录。

b. 各层构造做法应符合设计要求，并应按照经过审批的施工方案施工。

检验方法：对照设计和施工方案观察检查。

2）一般项目。

a. 保温材料包装应完整无破损。

检验方法：观察检查。

b. 加强网的铺贴和搭接应符合设计和施工方案的要求。砂浆抹压应密实，不得空鼓，加强网不得皱褶、外露。

检验方法：观察检查。

c. 设置空调的房间，其外墙热部位应按设计要求采取隔断热措施。施工产生穿墙管、脚手眼、孔洞等墙体缺陷，应按照施工方案采取隔断热措施。

检验方法：观察检查。

d. 保温浆料宜连续施工，保温浆料厚度应均匀、接茬应平顺密实。

检验方法：观察、钢尺检查。

e. 墙体上容易碰撞的阳角、门窗洞口及不同材料基体的交接处等特殊部位，其保温层应采取防止开裂和破损的加强措施。

检验方法：观察检查。

f. 允许偏差：立面垂直度不大于 4mm，表面平整度不大于 3mm，阴阳角方正不大于 3mm，阴阳角垂直度不大于 3mm，分格条（缝）平直度不大于 4mm。

检验方法：立面垂直度、表面平整度、阴阳角垂直度，用 2m 垂直检测尺检查。阴阳角方正用直角检测尺检查。分格条（缝）平直度，用拉 5m 线，不足 5m 拉通线。

|项目二　饰　面　砖|

任务 2.1　饰面砖排版

1. 饰面砖排版要点

（1）内墙面饰面砖。

1）同一墙面的横竖排列，均不得有一行以上的非整砖。

2）墙面砖应与地面砖对缝，如图 10-13 所示。墙面砖与地面砖衔接应为墙砖压地砖。

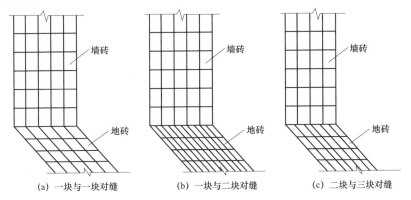

图 10-13　墙砖与地面砖对缝示意图

3）大墙面和垛子要排整砖，如遇有突出的卡件，应用整砖套割吻合，不得用非整砖随意拼凑镶贴。

4）顺视线方向墙面的墙面砖压正视方向墙面上的墙面砖。

5）墙面砖最上一排砖要超出吊顶高度。最好吊顶边线正好压墙砖平缝，显示墙面整砖。

6）遇到门窗洞口要由门窗洞口的上口向下口开始排砖，使洞口上边与砖缝在同一水平线上。在门旁位置应保持整砖，面砖不得吃门窗框。

7）非整砖行应排在次要部位。非整砖不宜小于整砖的高度或宽度的 1/2，但也要注意一致和对称。

8）在管线、灯具、卫生设备支承等部位，应用整砖套割吻合，不得用非整砖拼凑镶贴，以保证饰面的美观。

9）墙面上饰物、线盒、开关、插座、卫生洁具等要尽量位于在墙面砖居中位置，如图 10-14 所示。

（2）外墙饰面砖。

1）根据大样图及墙面尺寸进行横竖向排墙面砖，以保证面砖缝隙均匀，符合设计图纸要求，如图 10-15 所示。

图 10-14 开关盒、管道处墙面砖排版示意图　　图 10-15 外墙砖排版示意图

2）大墙面、通天柱子和垛子要排整砖。

3）墙面砖水平缝应与窗台齐平。竖向要求阳角及窗口处都应是整砖，分格应按整块分均。

4）非整砖行应排在次要部位。非整砖不宜小于整砖的高度或宽度的 1/2，但也要注意一致和对称。

5）如遇有突出的卡件，应用整砖套割吻合，不得用非整砖随意拼凑镶贴。

6）女儿墙压顶、窗台、腰线等部位平面也要镶贴面砖时，除流水坡度符合设计要求外，顶面面砖应压立面面砖。

2. 饰面砖排版方法

（1）墙面横竖向墙面砖排砖，以保证墙面砖缝隙均匀，符合设计图纸要求。内墙饰面砖的排列一般有通缝密缝排列和错缝密缝排列等，如图 10-16 所示。

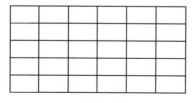
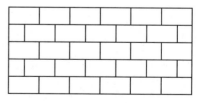

(a) 通缝密缝排列　　　　　　　　　　(b) 错缝密缝排列

图 10-16 内墙饰面砖的排列示意图

外墙饰面砖的排列常用有墙面砖水平、竖直通缝疏缝排列和错缝疏缝排列等，如图 10-17 所示。

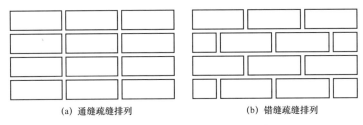

(a) 通缝疏缝排列　　　　　　　　　(b) 错缝疏缝排列

图 10-17　外墙饰面砖的排列示意图

（2）根据墙面抹灰后尺寸，对整个建筑物进行分区，并对面砖的品种、规格、颜色、图案、排列方式、分格、墙面凹凸部位等先进行电脑预排设计。

（3）遇到门窗洞口要由门窗洞口的上口向下口开始排砖，使洞口上边与砖缝在同一水平线上。

（4）外墙饰面砖间的缝宽应控制为 6~10mm，且外墙饰面砖需要设置伸缩缝。在进行外墙墙面砖排版，可运用调整墙面砖间、伸缩缝的缝宽来调整墙面砖的排版。

（5）根据现场实际，经设计确认，对门窗洞口位置做略做调整，以使符合饰面砖模数。

任务 2.2　饰面砖镶贴

1. 室内贴面砖饰面

（1）工艺流程。基层处理→吊垂直、套方、找规矩→贴灰饼→抹底层砂浆→弹线分格→排砖→浸砖→镶贴面砖→面砖勾缝与擦缝。

（2）施工要点。

1）基层为混凝土墙面贴砖施工。

a. 基层处理。首先将突出墙面的混凝土剔平，对用大钢模施工的混凝土墙面应凿毛，并用钢丝刷满刷一遍，再浇水湿润。在填充墙与混凝土接槎处，应采取防止开裂的加强措施，当采用加强网时，加强网与各基体的搭接宽度不应小于 150mm。后用 1:1 水泥细砂浆内掺适量胶合剂，喷或用笤帚将砂浆甩到墙上，其甩点要均匀凝后浇水养护，直至水泥砂浆疙瘩全部粘到混凝土光面上，并有较高的强度（用手掰不动）为止。

b. 吊垂直、套方、找规矩、贴灰饼。

c. 抹底层砂浆。当抹灰层厚度超过 30mm 应采取加强措施。

d. 弹线分格。待基层灰六七成干时，即可按图纸要求进行分段分格弹线，同时亦可进行面层贴标准点的工作，以控制面层出墙尺寸及垂直、平整。

e. 排砖。墙砖压地砖、墙砖与地面砖对缝施工示意图如图 10－18 所示。

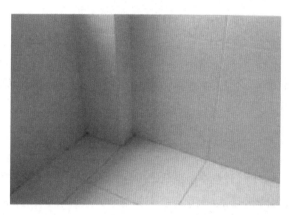

图 10－18　墙砖压地砖、墙砖与地面砖对缝施工示意图

f. 浸砖。饰面砖镶贴前，首先要将面砖清扫干净，放入净水中浸泡 3h 以上，取出待表面晾干或擦干净后方可使用。

g. 镶贴面砖。混凝土墙面要提前 3～4h 湿润好。镶贴一般由阳角开始，自下而上进行，将不成整块的饰面砖留在阴角部位。

h. 面砖勾缝与擦缝。内墙面砖镶贴完 3～4h 后，进行面砖勾缝与擦缝。横竖缝为干挤缝的，应用白水泥配颜料进行擦缝处理。大于 3mm 者面砖缝用镏子勾缝，勾缝完后用布或棉丝蘸稀盐酸擦洗干净。然后要浇水养护。

2）基层为砖墙面贴砖施工。

a. 基层处理。抹灰前，墙面必须清扫干净，并提前一天浇水湿润。

b. 吊垂直、套方、找规矩、贴灰饼。

c. 抹底层砂浆。先把墙面浇水湿润，然后用 1∶3 水泥砂浆刮一道约 6mm 厚底层砂浆，紧跟着用同强度等级的砂浆与所冲的筋抹平，随即用木杠刮平，木抹子搓毛，隔天浇水养护。

3）基层为加气混凝土墙面贴砖施工。基层为加气混凝土墙面时，可酌情选用下述两种方法中的一种。

用水湿润加气混凝土表面，修补缺棱掉角处。修补前，先刷一道聚合物水泥浆，然后用 M15 混合砂浆分层补平，随后刷聚合物水泥浆并抹 M15 混合砂浆打底，木抹子搓平，隔天浇水养护。

混合砂浆分层补平，待干燥后，钉金属网一层并绷紧。在金属网上分层抹 M15 混合砂浆打底（最好采取机械喷射工艺），砂浆与金属网应结合牢固，最后用木抹子轻轻搓平，隔天浇水养护。

其他做法同混凝土墙面贴砖施工。

2. 室外贴面砖饰面

（1）工艺流程。基层处理→吊垂直、套方、找规矩→贴灰饼→抹底层砂浆→弹线分格→排砖→浸砖→镶贴面砖→面砖勾缝与擦缝。

（2）施工要点。

1）基层为混凝土墙面贴砖施工。

a. 基层处理。首先将突出墙面的混凝土剔平，对大钢模施工的混凝土墙面应凿毛，并用钢丝刷满刷一遍，再浇水湿润。

b. 吊垂直、套方、找规矩、贴灰。若建筑物为高层时，应在四大角和门窗口边用经纬仪打垂直线找直。如果建筑物为多层时，可从顶层开始用特制的大线坠绷铁丝吊垂直。

c. 抹底层砂浆。

d. 弹线分格。待基层灰六七成干时，即可按图纸要求进行分段分格弹线，同时亦可进行面层贴标准点的工作，以控制面层出墙尺寸及垂直、平整。

e. 排砖。根据大样图及墙面尺寸进行横竖向排砖，以保证面砖缝隙均匀，符合设计图纸要求，注意大墙面、通天柱子和垛子要排整砖，以及在同一墙面上的横竖排列，均不得有一行以上的非整砖。

f. 浸砖。外墙面砖镶贴前，首先要将面砖清扫干净，放入净水中浸泡 2h 以上，取出待表面晾干或擦干净后方可使用。

g. 镶贴面砖。镶贴应自上而下进行。高层建筑采取措施后，可分段进

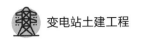

行。在每一分段或分块内的面砖，均为自下而上镶贴。在最下一层砖下皮的位置线口稳好靠尺，以此托住第一皮面砖。在面砖外皮上口拉水平通钱，作为镶贴的标准。

另外也可用胶粉来粘贴面砖，其厚度为 2～3mm，用此种做法其基层灰必须更平整。如要求面砖拉缝镶贴时，面砖之间的水平缝宽度用米厘条控制，米厘条可将贴砖用砂浆与中层灰临时镶贴，米厘条贴在已镶贴好的面砖上口，为保证其平整，可临时加垫小木楔。女儿墙压顶、窗台、腰线等部位平面也要镶贴面砖时，除流水坡度符合设计要求外，应采取顶面面砖压立面面砖的做法，预防向内渗水，引起空鼓、开裂，如图 10-19 所示。同时还应采取立面中最低一排面砖必须压底平面面砖，并低于底平面面砖 3～5mm 的做法，让其起滴水线（槽）的作用，防止引起空裂。

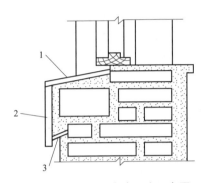

图 10-19　窗台镶贴面砖示意图

1—压盖砖；2—正面面砖；3—底面面砖

h. 面砖勾缝与擦缝。面砖铺贴拉缝时，用 1:1 水泥砂浆勾缝，先勾水平缝再勾竖缝，勾好后要求凹进面砖外表面 2～3mm，在横竖缝交接处形成"八字角"，面砖缝用镏子勾完后，用布或棉丝蘸稀盐酸擦洗干净。若横竖缝为干挤缝，或小于 3mm 者，应用白水泥配颜料进行擦缝处理。然后要浇水养护。

2）基层为砖墙面贴砖施工。

a. 基层处理。抹灰前，墙面必须清扫干净，并提前一天浇水湿润。

b. 吊垂直、套方、找规矩、贴灰饼。

c. 抹底层砂浆。先把墙面浇水湿润，然后用 1:3 水泥砂浆刮一道约 6mm 厚底层砂浆，紧跟着用同强度等级的砂浆与所冲的筋抹平，随即用木杠刮平，木抹子搓毛，隔天浇水养护。

3）基层为加气混凝土墙面贴砖施工。基层为加气混凝土墙面时，可酌情选用下述方法中的一种。

做法同混凝土墙面贴砖施工。

3. 质量要求与检验

（1）主控项目。

满粘法施工的饰面砖工程应无空鼓、裂缝。

检验方法：观察、用小锤轻击检查。

（2）一般项目。

1）饰面砖表面应平整、洁净、色泽一致，无裂痕和缺损。

检验方法：观察检查。

2）突出物周围砖套割，饰面砖应整砖套割吻合，边缘应整齐。墙裙、贴脸突出墙面的厚度应一致。

检验方法：观察、钢尺检查。

3）饰面砖接缝应平直、光滑，填嵌应连续、密实。宽度和深度应符合设计要求。

检验方法：观察、钢尺检查。

4）滴水线（槽）应顺直，流水坡向应正确，坡度应符合设计要求。

检验方法：观察、用水平尺检查。

5）立面垂直度：外墙面砖允许偏差不大于 3mm，内墙面砖允许偏差不大于 2mm。

检验方法：用 2m 垂直检测尺检查。

6）表面平整度：外墙面砖允许偏差不大于 4mm，内墙面砖允许偏差不大于 3mm。

检验方法：用 2m 垂直检测尺检查。

7）阴阳角方正：外墙面砖允许偏差不大于 3mm，内墙面砖允许偏差不大于 3mm。

检验方法：用直角检测尺检查。

8）接缝直线度：外墙面砖允许偏差不大于 3mm，内墙面砖允许偏差不大于 2mm。

检验方法：拉 5m 线，不足 5m 拉通线，用钢直尺检查。

9）接缝高低差：外墙面砖允许偏差不大于 1mm，内墙面砖允许偏差不大于 0.5mm。

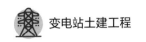

检验方法：用钢直尺和塞尺检查。

10）接缝宽度偏差：外墙面砖允许偏差不大于 1mm，内墙面砖允许偏差不大于 1mm。

检验方法：用钢直尺检查。

|项目三 地 面 施 工|

任务 3.1 整体地面

整体面层有细石混凝土面层、水泥砂浆面层、水磨石面层、不发火（防爆）面层、防油渗面层、硬化耐磨面层、自流平面层、涂料面层、塑胶面层、地面辐射供暖的整体面层等。以下介绍的为水泥砂浆面层和细石混凝土面层。

1. 水泥砂浆面层

（1）地面构造。水泥砂浆地面一般由面层、结合层、垫层、基土或结构层构成，如图 10-20 所示。所用材料按照设计要求进行选择。

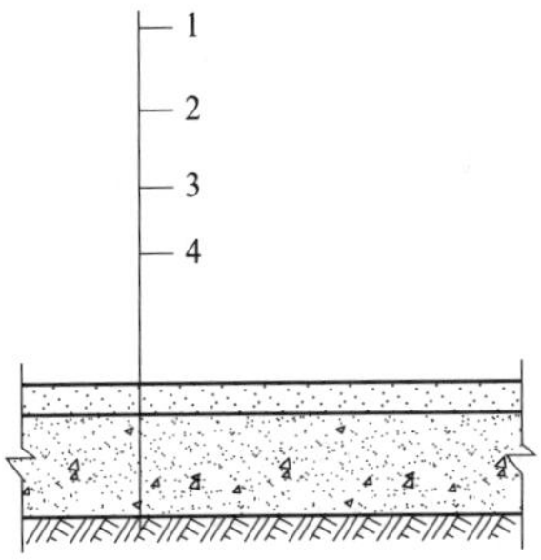

（2）工艺流程。基层处理→弹线、做标筋→水泥砂浆面层铺设→养护。

（3）施工要点。

1）基层处理。

a. 垫层上的一切浮灰、油渍、杂质必须仔细清除。

b. 表面较滑的基层，应进行凿毛，并用清水冲洗干净。

图 10-20 水泥砂浆楼（地）面构造示意图

1—面层；2—结合层；3—垫层；4—基土或结构层

c. 应在垫层或找平层的砂浆或混凝土的抗压强度达到 1.2MPa 后，再铺设面层砂浆，这样才不致破坏其内部结构。

d. 铺设地面前，还要再一次将门框校核找正。

2）弹线、做标筋。

a. 地面抹灰前，应先在四周墙上弹出一道水平基准线，作为确定水泥砂浆面层标高的依据。

b. 根据水平基准线再把楼地面面层上皮的水平辅助基准线弹出。面积不大的房间，可根据水平基准线直接用长木杠抹标筋，施工中进行几次复尺即可。面积较大的房间，应根据水平基准线在四周墙角处每隔 1.5～2m 用 M20 水泥砂浆抹标志块，标志块大小一般是 80～100mm 见方。待标志块结硬后，再以标志块的高度做出纵横方向通长的标筋以控制面层的厚度。地面标筋用 M20 水泥砂浆，宽度一般为 80～100mm，如图 10-21 所示。做标筋时，要注意控制面层厚度，面层的厚度应与门框的锯口线吻合。

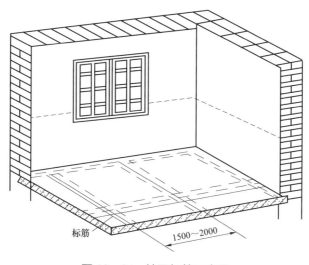

图 10-21　地面标筋示意图

c. 对于厨房、浴室、卫生间等房间的地面，须将流水坡度找好。有地漏的房间，要在地漏四周找出不小于 5%的泛水。找平时要注意厨房、浴室、卫生间等房间地面与走廊地面高度的关系。

3）水泥砂浆面层铺设。

a. 面层砂浆铺设施工前，应先刷一道素水泥浆（内掺建筑胶）结合层，涂刷面积不要过大，随刷随铺面层砂浆随拍实，并应在水泥初凝前用木抹搓平压实。

b. 木抹子搓平在标筋之间将砂浆铺均匀，用木杠依标筋顶平面刮平，用木抹子搓平，并用 2m 靠尺检查平整度。

c. 面层压光要用钢皮抹子分三遍完成，并逐遍加大力道用力压光，面层压光工作应在水泥终凝前完成。当采用地面抹光机压光时，在压第二、第三遍时，水泥砂浆的干硬度应比手工压光时稍干一些。

d. 当水泥砂浆面层干湿度不适宜时，可采取淋水或撒布少许干拌的 1:1 水泥和砂（体积比）进行抹平压光工作。不得撒干水泥、刮素浆。

e. 当面层需分格时，应在墙上还踢脚板上划好分格线，如垫层留有伸缩缝时，其面层一部分分格应调到与垫层伸缩缝相应对齐。

f. 当水泥砂浆面层内因埋设管线等原因出现了局部厚度减薄在 10mm 及以下时，应按设计要求做防止面层开裂处理后方可继续施工。

g. 水泥砂浆面层完成后，应注意成品保护工作。防止面层碰撞和表面沾污，影响美观和使用。对地漏、出水口等部位安放的临时堵口要保护好，以免灌入杂物，造成堵塞。

4）养护。

a. 水泥砂浆面层抹压后，应在常温湿润条件下养护。

b. 养护要适时。一般在 12h 后养护，铺覆盖材料洒水养护，养护时间不应少于 7d。

（4）质量要求与检验。

1）主控项目。

a. 有排水要求的水泥砂浆地面，坡向应正确、排水畅通。防水水泥砂浆面层不应渗漏。

检验方法：观察检查和蓄水、泼水检验或坡度尺检查及检查检验记录。

b. 应结合牢固、无空鼓裂纹。当出现空鼓时，空鼓面积不应大于 $400cm^2$，且每自然或标准间不应多于两处。

检验方法：观察和用小锤轻击检查。

2）一般项目。

a. 面层表面应洁净，无裂纹、脱皮、麻面、起砂等缺陷。

检验方法：观察检查。

b. 踢脚线与柱、墙面应紧密结合，踢脚线高度及出柱、墙厚度应符合设计要求，且均匀一致，当出现空鼓时，局部空鼓长度不应大于 300mm，且每自然或标准间不应多于 2 处。

检验方法：用小锤轻击、钢尺和观察检查。

c. 楼梯踏步和台阶宽度、高度应符合设计要求。楼层梯段相邻踏步高度差不应大于 10mm，每踏步两端宽度差不大于 10mm。旋转楼梯段的每踏步两端宽度的允许偏差不应大于 5mm。踏步面层应做防滑处理，齿角应整齐，防滑条应顺直、牢固。

检验方法：观察和钢尺检查。

d. 表面平整度不大于 4mm。踢脚线上口平直度不大于 4mm。缝格顺直偏差不大于 3mm。

检验方法：表面平整度用 2m 靠尺和楔形塞尺检查。踢脚线上口平直度、缝格顺直偏差用拉 5m 线和用钢尺检查。

2. 细石混凝土面层

（1）地面构造。细石混凝土地面一般由面层、结合层、垫层、基土或结构层构成，如图 10-22 所示。

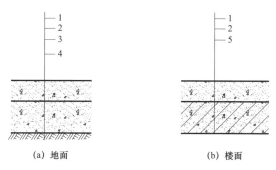

（a）地面　　　　　　　　（b）楼面

图 10-22　细石混凝土楼（地）面构造示意图

1—面层；2—结合层；3—垫层；4—基土；5—结构层

（2）工艺流程。基层处理→弹线、做标筋→浇铺细石混凝土→表面压光→养护。

（3）施工要点。

1）基层处理。把沾在基层上的浮浆、落地灰等用錾子或钢丝刷清理掉，再用扫帚将浮土清扫干净在施工前 1～2d 浇水湿润。

2）弹线、做标筋。

a. 根据水平标准线和设计厚度，在四周墙、柱上弹出面层的上平标高控制线。

b. 拉水平线、抹找平墩（60mm×60mm，与面层完成面同高，用同种混凝土），纵横间距 1.5～2m，如图 10-21 所示。有地漏或排水口的坡度地向，应以地漏或排水口为中心，应按设计坡度要求拉线，抹出坡度墩，向四周做坡度标筋。

c. 面积较大的房间为保证房间地面平整度，还要做冲筋，以做好的灰饼为标准抹条形冲筋，高度与灰饼同高，形成控制标高的"田"字格，用刮尺刮平，作为混凝土面层厚度控制的标准。当天抹灰墩、冲筋并应当天完成，不应当隔夜。

3）浇铺细石混凝土。

a. 混凝土铺设时，先在已润湿的基层上刷一道素水泥浆结合层，随结合层边刷边铺混凝土，以保证面层与基层的黏结性。用 2m 刮杠依标筋或灰饼刮平，然后用铁滚筒反复滚压，如有凹凸处用同配合比的细石混凝土补平，直到面层出浆。注意过口和边角高度要符合要求，应用木抹子拍打搓平，不得有坑洼现象。

b. 待抹完一个房间后，在细石混凝土表面均匀撒一层 1:1 干拌水泥砂（体积比），待干粉吸水后，用 2m 水平刮杠刮平，随后用抹子用力搓打、抹平，将干水泥砂子拌合面与细石混凝土浆混合，使面层达到结合紧密。

c. 细石混凝土面层不得留置施工缝。当施工间歇超过规定的允许时间后，再继续浇筑混凝土时，应对已凝结的混凝土接槎处进行处理，用钢丝刷刷到石子外露，表面用水冲搅，并涂以水泥砂浆，再浇筑混凝土，并应捣实压平，使新旧混凝土接缝紧密，不显接头槎。

d. 细石混凝土面层应在水泥初凝前完成抹平工作，水泥终凝前完成压光工作。

4）表面压光。

a. 第一遍抹压，在细石混凝土初凝前进行。

b. 第二遍抹压，当面层砂浆初凝后，面层上人有脚印但陷不下去时进行。用铁抹子认真仔细地抹压。

c. 第三遍抹压，当面层砂浆终凝前，即人踩上人去稍有脚印，但用铁抹子压光无抹痕时，可用铁抹子进行第三遍压光。此时抹压用力要稍大，把所有抹纹压平压光，达到面层表面密实光洁。

5）养护。细石混凝土面层应在施工完成后 12h 覆盖和洒水养护，每天不少于 2 次，严禁上人，养护期不得少于 7d。

依据设计图纸、有关规范要求结合现场实际情况需设置分格缝。

（4）质量要求与检验。

1）主控项目。

a. 面层与下一层应结合牢固、无空鼓、裂纹，空鼓面积不应大于 400cm²，且每自然间或标准间不应多于 2 处。

检验方法：观察和用小锤轻击检查。

b. 混凝土运输、浇筑及间歇应符合国家现行有关标准的规定。

检验方法：观察、检查施工记录。

2）一般项目。

a. 伸缩缝的位置应符合设计和施工方案的要求，伸缩缝的处理应按技术方案执行。

检验方法：观察、检查施工记录。

b. 养护应符合施工技术方案和现行有关标准的规定。

检验方法：观察、检查施工记录。

c. 表面洁净，不应有裂纹、脱皮、麻面、起砂等缺陷。

检验方法：观察检查。

d. 坡度应符合设计要求，不得有倒泛水和积水现象。

检验方法：观察和采用泼水或用坡度尺检查。

e. 踢脚线与柱、墙面应紧密结合，踢脚线高度及出柱、墙厚度应符合设计要求且均匀一致，当出现空鼓时，局部空鼓长度不应大 300mm，且每自然间或标准间不应多于 2 处。

检验方法：用小锤轻击、钢尺和观察检查。

f. 楼梯踏步和台阶宽度、高度应符合设计要求。楼层梯段相邻踏步高度差不应大于 10mm，每踏步两端宽度差不大 10mm。旋转楼梯段的每踏步两端宽度的允许偏差不应大于 5mm。踏步面层应做防滑处理，齿角应整齐，防滑条应顺直、牢固。

检验方法：观察检查和钢尺检查。

g. 表面平整度不大于 3mm。踢脚线上口平直度不大于 4mm。缝格顺直偏差不大于 2mm。

检验方法：表面平整度用 2m 靠尺和楔形塞尺检查。踢脚线上口平直度、缝格顺直偏差用拉 5m 线和用钢尺检查。

任务 3.2　板块地面

板块地面包括砖面层、大理石与花岗石面层、预制板块面层、料石面层、塑料板面层、活动地板面层、金属板面层等板块做面层组成的楼地面工程。

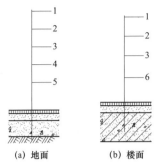

图 10-23 砖面层楼（地）面
构造示意图

1—砖面层；2—结合层；3—找平层；
4—垫层；5—基土；6—结构层

本模块主要介绍砖面层。

1. 构造做法

板块地面一般由砖面层、结合层、找平层、垫层、基土或结构层构成，如图 10-23 所示。

2. 工艺流程

工艺流程为：基层处理→找标高、分格弹线→试排、试拼、弹铺砖控制线→铺结合层砂浆→铺贴→勾缝、擦缝→养护→镶贴踢脚板。

3. 施工要点

（1）基层处理。铺设砖面层时，其水泥类基层的抗压强度不得小于 1.2MPa。

（2）找标高、分格弹线。根据水平标准线和设计厚度，确定地面的标高位置，在四周墙柱上弹好 500mm 水平线，作为面层的上平标高控制线，以此为准在墙上弹出面层水平标高线。然后根据砖材的分块情况，挂线找中，拉十字线进行分格弹线。如室内外砖材的颜色不同时，分界线应在门口门扇中间处。

（3）试排、试拼、弹铺砖控制线。根据标准线确定砖材的铺贴顺序和标准块的位置，在预定的位置上进行试拼，检查图案、颜色及纹理的装饰效果，试拼后按两个方向编号，并按号堆成整齐。在房间相互垂直的方向，按弹好的标准线铺两条宽度大于砖材的干砂，按设计图纸试排，以检查板缝，核对砖块与墙面、柱、管线洞口的相对位置，确定找平层的厚度，根据试排结果在房间的关键部位弹上相垂直的控制线，用以控制砖材铺贴时的位置，如图 10-24 所示。

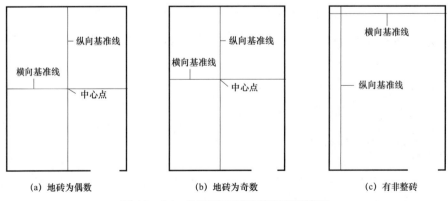

图 10-24 房间地面铺砖控制线示意图

在房间分中，从纵横两个方向排尺寸，当尺寸不足整砖倍数时，将非整砖用于边角处，横向平行于门口的第一排应为整砖，将非整砖排在靠墙位置、纵向（垂直门口）应在房间内分中，非整砖对称排放在两墙边处，尺寸不小于整砖边长的 1/2。根据已确定的砖数和缝宽，在地面上弹出纵横向铺砖控制线，宜每隔四块砖弹一根铺砖控制线。

（4）铺结合层砂浆。砖面层铺设前应将基底湿润，并在基底上刷一道素水泥浆或界面结合剂，随刷随铺搅拌均匀的干硬性水泥砂浆（宜采用 M10 干硬性水泥砂浆，干硬程度以手握成团落地开花为最好）结合层。

（5）铺贴。砖材应先试贴，将砖材按通线平稳铺下，用橡皮锤垫木块轻击，使砂浆密实，缝隙、平整度满足要求后，揭开板块，如结合层不密实有空隙时，应填砂浆搓平。正式铺贴时，在砖材背面涂 8～10mm 素水泥浆，砖材对缝铺好后，用橡皮锤均匀轻轻敲击表面，并用水平尺找平，压平敲实，如图 10－25所示。

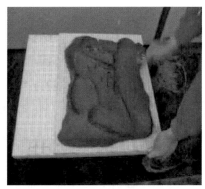

(a) 砖材铺贴　　　　　　　　　　　(b) 在砖材背面涂素水泥浆

图 10－25　砖面层铺贴示意图

（6）勾缝、擦缝。一般在砖块铺完两天之后，经检查砖无断裂及空鼓现象时，将缝口和地面清理干净，用水泥浆勾（嵌）缝，然后应将附着在砖面上水泥浆液擦干净。

（7）镶贴踢脚板。踢脚板按需要数量将阳角处的踢脚板的一端，切成 45°角，并将踢脚板用水刷净以备用。

踢脚板的缝要与地面缝对齐形成通缝。铺设时应在房间墙面两端阴角各全镶贴一块砖，出墙厚度 5～6mm，高度应符合设计要求。

（8）养护。砖面层铺完后 24h 要覆盖、湿润养护，养护时间不得少于 7d。

4. 质量要求与检验

（1）主控项目。

面层与下一层结合应牢固，无空鼓（单块砖边角允许有局部空鼓，但每自然间或标准间的空鼓砖不应超过总数的 5%）。

检验方法：用小锤轻击检查。

（2）一般项目。

1）面层表面应洁净，图案清晰，色泽一致，接缝平整，深浅一致，周边顺直。板块无裂纹、掉角和缺楞等缺陷。非整砖块材不得小于 1/2。

检验方法：观测检查。

2）邻接处的镶边用料及尺寸应符合设计要求，边角整齐、光滑。

检验方法：观察和用钢尺检查。

3）踢脚线表面应清净，与柱、墙面结合应牢固，踢脚线高度及出柱、墙厚度应符合设计要求，且均匀一致，当无设计要求时，应为 5～6mm。

检验方法：用小锤轻击、钢尺和观察检查。

4）楼梯踏步和台阶宽度、高度应符合设计要求。楼层梯段相邻踏步高度差不应大于 10mm，每踏步两端宽度差不大于 10mm。旋转楼梯段的每踏步两端宽度的允许偏差不应大于 5mm。踏步面层应做防滑处理，齿角应整齐，防滑条应顺直、牢固。

检验方法：观察和用钢尺检查。

5）面层表面坡度应符合设计要求，不倒泛水、无积水。与地漏、管道结合处应严密牢固，无渗漏。

检验方法：观察、泼水或坡度尺及蓄水检查。

6）表面平整度：陶瓷锦砖、陶瓷地砖≤2mm。水泥花砖≤3mm。缸砖≤4mm。

检验方法：用 2m 靠尺和楔形塞尺检查。

7）缝格平直度≤3mm。

检验方法：拉 5m 线和用钢尺检查。

8）接缝高低差：陶瓷锦砖、陶瓷地砖、水泥花砖≤0.5mm。缸砖≤1.5mm。

检验方法：用钢尺和楔形塞尺检查。

9）踢脚线上口平直度：陶瓷锦砖、陶瓷地砖≤3mm。缸砖≤4mm。

检验方法：拉 5m 线和用钢尺检查。

10）板块间隙宽度：设计有要求时，则按设计要求检查。如设计无具体要求的≤2mm。

检验方法：钢尺检查。

项目四　涂　料　涂　饰

用水作溶剂或者作分散介质的涂料，可称为水性涂料。

1. 作业条件

（1）外墙面涂饰时，脚手架或吊篮搭设完整。抹灰全部完成，墙面基本干透。墙面孔洞已修补。门窗设备管线已安装，洞口已堵严抹平。涂饰样板已经鉴定合格。

（2）内墙面涂饰时，室内各项抹灰均已完成，墙面基本干透。穿墙孔洞已填堵完毕。门窗玻璃已安装，木装修已完。

（3）施工的环境温度应在 5～35℃。外墙涂料不能冒雨进行施工。风力 4 级以上不能进行喷涂施工。

2. 涂饰程序

（1）外墙面涂饰时，一般均应由上而下，分段分步进行涂饰，分段分片的部位应选择在门、窗、拐角、水落管等处，因为这些部位易于掩盖。

（2）内墙面涂饰时，应在顶棚涂饰完毕后进行，由上而下分段涂饰。涂饰分段的宽度要根据刷具的宽度以及涂料稠度决定。快干涂料慢涂宽度为15～25cm，慢干涂料快涂宽度为 45cm 左右。

3. 刷、喷、滚、弹涂施工要点

（1）刷涂施工。涂刷时，其涂刷方向和行程长短均应一致。如涂料干燥快，应勤蘸短刷，接槎最好在分格缝处。涂刷层次，一般不少于两度，在前一度涂层表干后才能进行后一度涂刷。前后两次涂刷的相隔时间通常不少于4～6h。

（2）喷涂施工。空气压力在 0.4～0.8N/mm² 之间选择确定。喷射距离一般为40～60cm。喷枪运行中喷嘴中心线必须与墙面垂直，如图10－26所示。

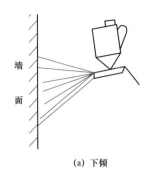

(a) 下倾

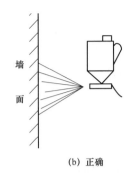

(b) 正确

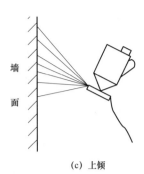

(c) 上倾

图 10-26　喷涂示意图

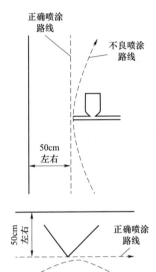

图 10-27　喷斗移动路线示意图

喷枪应与被涂墙面平行移动，如图 10-27 所示，运行速度要保持一致。

室内喷涂一般先喷顶后喷墙，两遍成活，间隔时间约 6h。外墙喷涂一般为两遍，较好的饰面为三遍。喷涂时要注意三个基本要素：喷涂阴角与表面时一面一面分开进行。喷枪移动方法应与被涂墙面平行移动。喷涂顶棚时尽量使喷枪与顶棚成一直角。罩面喷涂时，喷枪离脚手架 $10\sim20cm$ 处，往下另行再喷。作业段分割线应设在水落管、接缝、雨罩等处。喷涂移动路线如图 10-28 所示。

（3）滚涂施工。滚涂施工宜用细料状或云母片状涂料。滚涂操作应根据涂料的品种、要求的花饰确定辊子的种类。

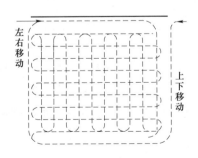

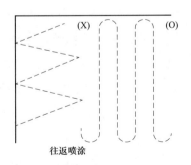

图 10-28　喷涂移动路线示意图

（X）—使返回点成为一个锐角；（O）—防止重喷

（4）弹涂施工。弹涂施工宜用云母片状或细料状涂料。弹涂时，手提彩弹机，先调整和控制好浆门、浆量和弹棒，然后开动发电机，使机口垂直对正墙面，保持适当距离（一般为 30～50cm）。对于压花型彩弹，在弹涂以后，应有一人进行批刮压花，弹涂到批刮压花之间的间歇时间，视施工现场的温度、湿度及花型等不同而定。刮板和墙面的角度宜为 15°～30°之间，要单方向批刮，不能往复操作，每批刮一次，刮板须用棉纱擦抹，不得间隔，以防花纹模糊。

4. 内墙涂料涂饰

（1）内墙乳胶涂料施工。

1）工艺流程。基层处理→刮腻子补孔→磨平→满刮腻子、磨光→满刮第二遍腻子、磨光→涂刷第一遍乳胶、磨光→涂刷第二遍乳胶→清扫。

2）施工要点。

a. 基层处理。墙面基层上起皮、松动及空鼓等清除凿平。基层的缺棱掉角处用 M15 水泥砂浆或聚合物砂浆修补。

石膏板连接处可做成 V 形接缝。施工时，在 V 形缝中嵌填专用的掺合成树脂乳液石膏腻子，并贴玻璃接缝带抹压平整。

b. 刮腻子补孔。用腻子将墙面缝隙、麻面、蜂窝、洞眼等缺残处刮平补好。

c. 磨平。等腻子干透后，将凸起的腻子铲平，然后用粗砂纸磨平。

d. 满刮腻子并磨光。先用胶皮刮板满刮第一遍腻子，要求横向刮抹平整、均匀、光滑、密实、线角及边棱整齐。干透后粗砂纸打磨平整。

e. 满刮第二遍腻子并磨光。第二遍满刮腻子与第一遍方向垂直，方法相同，干透后用细砂纸打磨平整、光滑。

f. 涂刷第一遍乳胶并磨光。涂刷前用手提电动搅拌枪将涂料搅拌均匀，并倒入托盘，用滚子醮乳胶进行滚涂，滚子先作横向滚涂，再作纵向滚压，将乳胶赶开，涂平，涂匀。第一遍滚涂乳液胶结束 4h 后，用细砂纸磨光。若天气潮湿，4h 后未干，应延长间隔时间，待干后再磨。

g. 涂刷第二遍乳胶。涂刷乳胶一般为两遍，也可根据要求适当增加遍数。每遍涂刷应厚薄一致，充分盖底，表面均匀。

h. 清扫。清扫飞溅乳胶，清除施工准备时预先覆盖的踢脚板，水、暖、电、卫设备及门窗等部位的遮挡物。

（2）内墙涂高档乳胶漆施工。

1）工艺流程。基层处理→刮腻子补孔并磨平→满刮腻子、磨光→满刮第二遍腻子、磨光→涂底漆→涂乳胶漆、磨光→涂第二遍乳胶漆→清扫。

2）施工要点。

a. 其中从基层处理到封底漆前所有施工要求与内墙刷乳胶涂料相同。

b. 涂底漆。底漆可采用滚涂或喷涂方法施工，施工时，基面必须干燥、清洁牢固，施涂时，涂层要均匀，不可漏涂，若封底漆渗入基层较多时须重涂。

c. 涂乳胶漆、磨光。滚涂第一遍乳胶漆时应稍稀，滚涂方法与内墙涂乳胶漆料相同。滚涂结束后，一般需干燥 6h 以上，才能进行下一工序磨光。

d. 滚涂第二遍乳胶漆。第二遍乳胶漆应比第一遍稠，具体掺入量按产品要求定。施工方法同一遍，若遮盖差，需打磨后再涂一遍。

e. 清扫。要求与内墙刷乳胶涂料相同。

5. 外墙涂料涂饰

外墙涂料按装饰质感可分为薄质涂料、厚质涂料、覆层花纹涂料。

（1）外墙薄质类涂料施工。大部分彩色丙烯酸有光乳胶漆，均系薄质涂料。

1）工艺流程。基层处理→施涂→清理。

2）施工要点。

a. 基层处理。施工前，将基层表面的灰浆、浮灰、附着物等清除干净。基层的空鼓必须剔除，连同蜂窝、孔洞等提前 2～3d 用聚合物水泥腻子修补完整。

修补抹灰面要用铁抹子压平，再用毛刷带出小麻面，其养护时间一般 3d 即可。抹灰后需间隔 3d 以上再行涂饰。

b. 施涂要点。喷涂：空气压缩机压力需保持在 0.4～0.7MPa，排气量 0.63m/s 以上，以将涂料喷成雾状为准。喷涂厚度以盖底后最薄为佳，不宜过厚。

刷涂：先清洁墙面，一般涂刷两次。本涂料干燥很快，注意涂刷摆幅放小，求得均匀一致。

滚涂：先将涂料按刷涂作法的要求刷在基层上，随机滚除，滚刷上必须蘸少量涂料，滚压方向要一致，操作应迅速。

c. 清理。施涂前应清理周围环境，再进行涂饰，施涂后应清除施工准备时预先覆盖门窗等部位的遮挡物。

（2）外墙厚质类涂料施工。

1）工艺流程。基层处理→施涂→清理。

外墙厚质涂料按不同种类可采用刷涂、喷涂、滚涂与弹涂施工。

2）施工要点。

a. 基层处理。将基层上的灰尘、污垢、溅沫和砂浆流痕等清除干净，基层缺损部位用腻子补好，务必使基层平整、干净、坚实。

b. 施涂。刷涂施工：适用于细粒状或云母片状涂料。刷涂时保持刷涂方向、行程一致。干燥快的涂料，要勤蘸短刷，接槎最好的分格缝处。一般涂刷不少于两遍。前一遍干后才能刷后一遍。

喷涂施工：适用于粗填料的或云母片状涂料。调好涂料稠度、空压机压力、喷涂距离、喷涂速度、以保证质量。空气压力一般为 0.4～0.6MPa，喷涂距离为 40～60cm，喷嘴中心线垂直于墙面，喷枪平行于墙面匀速移动。涂层要均布于墙面，且以覆盖底面为佳。施工时要连续作业，到分格缝处停歇。

滚涂施工：适用于细粒状和云母片状涂料。滚子蘸适量涂料，轻缓平稳地自上而下滚动，切勿歪扭蛇行。

弹涂施工：适用于云母片状涂料或细粒状涂料。弹涂前现在基层面上刷 1～2 遍苯类涂料，作为底色涂层，在其干后才能继续弹涂。弹涂时机口与墙面保持 30～50cm 距离，垂直弹涂，速度要均匀。外墙压花型的弹涂后，要批刮压花，刮板和墙面间的角度宜在 15°～30°间，批刮要单向勿间隔，以防花纹模糊。

c. 清理。要求与外墙薄质类涂料施工相同。

（3）外墙覆层涂料施工。

1）工艺流程。基层处理→做分格缝→施涂底层涂料→施涂主层涂料→液压→喷涂二遍罩面涂料→修整。

2）施工要点。

a. 基层处理。将混凝土或水泥混合砂浆抹灰面表面上的灰尘、污垢、溅沫和砂浆流痕等清除干净。同时将基层缺棱掉角处，用 M15 水泥砂浆修不好。表面麻面及缝隙应用腻子填补齐平，并用同样配合比的腻子进行局部刮腻子，待腻子干后，用砂纸磨平。

b. 做分格缝。根据设计要求进行吊垂直、套方、找规矩、弹分格缝。

c. 施涂底层涂料。采用喷涂或刷涂方法进行。

d. 喷涂主层涂料。喷枪运行时，喷嘴中心线必须与墙面垂直，喷枪与墙面有规则地平行移动，运行速度应保持一致。

e. 滚压。如需半球形点状造型时，可不进行滚压工序。如需压平，则在喷

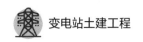

后适时用塑料或橡胶辊蘸汽油或二甲苯压平。

f. 喷涂二遍罩面涂料。主层涂料干后，即可涂饰面层涂料，水泥系主层涂料喷涂后，应先干燥 12h，然后洒水养护 24h，再干燥 12h，才能施涂罩面涂料。施涂罩面涂料时，采用喷涂的方法进行，不得有漏涂和流坠现象。待第一遍罩面涂料干燥后，再喷涂第二遍罩面涂料。

g. 修整。修整工作随施工随修整，在整个分部、分项工程完成后，组织进行全面检查，发现有漏涂、透底、流坠等弊病应立即修整和处理，以保证工程质量。

6. 质量要求与检验

（1）主控项目。

1）涂料应涂饰均匀、黏结牢固，不得漏涂、透底、起皮和掉粉。

检验方法：观察、手摸检查。

2）基层处理应符合现行有关标准的规定。

检验方法：观察、手摸检查、检查施工记录。

（2）一般项目。

1）涂层与其他装修材料和设备衔接处应吻合，界面应清晰。

检验方法：观察检查。

2）涂饰质量：

a. 颜色：普通涂饰均匀一致。高级涂饰均匀一致。

b. 泛碱、咬色：普通涂饰允许少量轻微。高级涂饰不允许。

c. 薄涂料流坠、疙瘩：普通涂饰允许少量轻微。高级涂饰不允许。

d. 薄涂料砂眼、刷纹：普通涂饰允许少量轻微砂眼，刷纹通顺。高级涂饰无砂眼、无刷纹。

检验方法：观察检查。

3）装饰线分色线直线度允许偏差：普通涂饰不大于 2mm。高级涂饰不大于 1mm。

检验方法：拉 5m 线，不足 5m 拉通线，用钢直尺检查。

4）厚涂料点状分布：普通涂饰无。高级涂饰疏密均匀。

检验方法：观察检查。

5）复层涂料喷点疏密应均匀，不允许连片。

检验方法：观察检查。

|项目五　门　窗　安　装|

任务 5.1　塑钢门窗

1. 工艺流程

检查门窗洞口→安装固定片→确定安装位置→框与墙体连接固定→框墙间隙处理→玻璃五金配件安装→清理。

2. 施工要点

（1）检查门窗洞口。塑钢窗在窗洞口的位置，要求窗框与之间需留 10～20mm 的间隙。塑钢窗组装后的门窗框应符合规定尺寸。

（2）安装固定片。在门窗框的上框及边框上安装固定片，其安装应符合：

1）检查门窗框上下边的位置及其内外朝向无误后，再安装固定片。安装时应先用$\phi 3.2$ 的钻头钻孔，然后将十字槽盘，端头自攻 M4×20 拧入，严禁直接锤击钉入。

2）固定片的位置应距门窗角、中竖框、中横框 100～150mm，固定片之间的间距应不大于 500mm，不得将固定片直接装在中竖框、中横框的端头上。如图 10-29 所示。

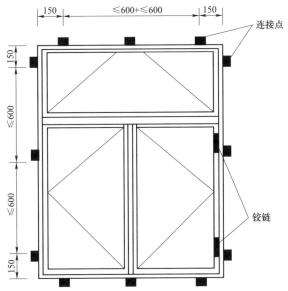

图 10-29　塑钢门窗安装框、墙连接固定点布置示意图

135

（3）确定安装位置。根据设计图纸及门窗的开启方向，确定门窗框的安装位置，把门窗框装入洞口，并使其上下框中线与洞口中线对齐。

（4）框与墙体连接固定。

1）门窗与墙体固定时，应先固定上框，后固定边框。在门窗框靠墙一侧的凹槽内或凸出部位，事先安装之字形铁件做连接件，将连接件的伸出端用膨胀螺栓固定于门窗洞壁的安装门窗框预埋块上。

2）拼樘料与墙体连接时，其两端必须与洞口固定牢固。应将门窗框或两窗框与拼樘料卡接，用坚固件双向扣紧，其间距不大于500mm。坚固件端头几拼樘料与窗框之间缝隙用嵌缝油膏密封处理。

（5）框墙间隙处理。

1）使用聚氨酯泡沫填缝胶，施工前应清除黏结面的灰尘，墙体黏结面应进行淋水处理，干燥后连续施打，一次成型，溢出门窗框外的发泡剂应在结膜前塞入缝隙内，防止外膜破坏。

2）框边外表面须留5～8mm深的槽口，待洞口饰面完成并干燥后，清理槽口内浮灰、油污，嵌填防水密封胶。如图10-30所示。

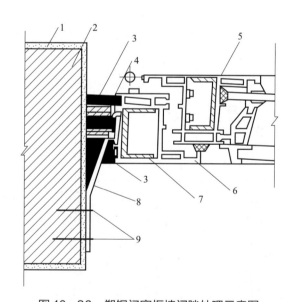

图10-30 塑钢门窗框墙间隙处理示意图

1—底层刮糙；2—墙体；3—密封胶；4—软质填充料；5—塑扇；

6—塑框；7—衬筋；8—连接件；9—膨胀螺栓

（6）玻璃、五金配件安装。

1）玻璃的安装。玻璃不得与玻璃槽直接接触，应在玻璃四边垫上不同厚度的玻璃垫块。再将玻璃装进框扇内，然后用玻璃压条将其固定。

2）五金配件安装。门锁、执手、纱窗铰链及锁扣等五金配件应安装牢固，位置正确，开关灵活。安装完后应整理纱网，压实压条。

3）推拉窗还应特别注意安装防脱落装置和限位装置。

（7）清理。

1）门窗交工前，应将型材表面的保护胶纸撕掉。如果发现胶纸在型材表面留有胶痕，宜用香蕉水清理干净。

2）玻璃应进行擦洗，对浮灰或其他杂物应全部清理干净。

3. 质量要求与检验

（1）主控项目。

1）门窗的品种、类型、规格、尺寸、开启方向、安装位置、连接方式及填嵌密封处理应符合设计要求，内衬增强型钢的壁厚及设置应符合国家现行产品标准的质量要求。

检验方法：观察、钢尺检查。检查产品合格证书、性能检测报告、进场验收记录和复验报告、隐蔽工程验收记录。

2）门窗框、副框和扇的安装必须牢固，在砌体上严禁采用射钉固定。固定片或膨胀螺栓的数量与位置应正确，连接方式应符合设计要求。固定点应距离窗角、中横框、中竖框150～200mm，固定点间距不应大于600mm。

检验方法：观察、手扳检查、检查隐蔽工程验收记录和施工记录。

3）门窗拼樘料内衬增加型钢的规格、壁厚必须符合设计要求，型钢应与型材内腔紧密吻合，其两端必须与洞口固定牢固。窗框必须与拼樘料连接紧密，固定点间距应不大于600mm。

检验方法：观察、开启和关闭检查、手扳检查。

4）门窗扇应开关灵活、关闭严密，无倒翘。推拉门窗扇必须有防脱落措施。

检验方法：观察、开启和关闭检查、手扳检查。

5）门窗配件的型号、规格、数量应符合设计要求，安装应牢固，位置应正确，功能应满足使用要求。

检验方法：观察、手扳检查、钢尺检查。

6）门窗框与墙体间缝隙应采用闭孔弹性材料填嵌饱满，表面应采用密封胶密封。密封胶应黏结牢固，表面应光滑、顺直、无裂纹。

检验方法：观察、轻敲门窗框检查、检查隐蔽工程验收记录。

（2）一般项目。

1）门窗表面应洁净、平整、光滑、色泽一致，无锈蚀。大面应无划痕、碰伤。

检验方法：观察检查。

2）门窗扇的密封条不得脱槽。旋转窗间隙应基本均匀。

检验方法：观察检查。

3）平开门窗扇平铰链的开关力应不大于 80N。滑撑铰链的开关力应不大于 80N，并不小于 30N。推拉门窗扇的开关力应不大于 100N。

检验方法：观察、用弹簧秤检查。

4）玻璃密封条与玻璃槽口的接缝应平整，不得卷边、脱槽。

检验方法：观察检查。

5）排水孔应畅通，位置和数量应符合设计要求。

检验方法：观察检查。

6）门窗槽口宽度、高度偏差：不大于 1500mm 时允许偏差±2mm；大于 1500mm 时允许偏差±3mm。

检验方法：用钢尺检查。

7）门窗槽口对角线长度差：不大于 2000mm 时允许偏差不大于 3mm；大于 2000mm 时允许偏差不大于 5mm。

检验方法：用钢尺检查。

8）门窗框的正、侧面垂直度：允许偏差不大于 3mm。

检验方法：用 1m 垂直检测尺检查。

9）门窗横框的水平度：允许偏差不大于 3mm。

检验方法：用 1m 水平尺和塞尺检查。

10）门窗横框标高偏差不大于 5mm。门窗竖向偏离中心允许偏差不大于 5mm。双层门窗内外框间距偏差不大于 4mm。同樘平开门窗相邻扇高度差不大于 2mm。

检验方法：用钢尺检查。

11）平开门窗铰链部门配合间隙允许偏差 +2～−1mm。

检验方法：用塞尺检查。

12）推拉门窗扇与框搭接量允许偏差＋1.5～－2.5mm。

检验方法：用钢直尺检查。

13）推拉门窗扇与竖框平行度允许偏差不大于2mm。

检验方法：用1m水平尺和塞尺检查。

任务 5.2　建筑屋面工程

1. 屋面工程质量控制要点

（1）屋面不得有渗漏或渗漏隐患。

（2）屋面的坡度、坡向应符合设计要求，当设计无具体要求时应符合有关规范的规定。

（3）屋面细部构造应符合规范的规定：

1）平屋面落水口周边500mm范围内坡度不应小于5%，且屋面落水口、天沟、檐沟的拐角处，泛水与屋面连接的阴角处均应设附加卷材。

2）女儿墙顶面应有不小于5%向内坡度和滴水。

3）屋面泛水、穿越防水层的出屋面的管根、支架根部应有不小于250mm的泛水，并应可靠固定，且泛水、雨水口、排气管、出屋顶埋管等细部泛水封闭严密。

4）防水材料在女儿墙根部、设备基础根部等部位应有可靠的固定和防护措施。

5）局部防水加强层的构造应符合规范的规定。

6）屋面排水应顺畅，屋面、天沟均应平、顺，均不得有积水现象。

7）卷材防水屋面基层与突出屋面结构（女儿墙、立墙、屋顶设备基础、风道等），均做成圆弧，圆弧半径不小于100mm。内部排水的水落口周围应做成略低的凹坑。

8）卷材长边搭接长度不小于100mm；短边搭接长度不小于150mm；采用两层以上防水时，严禁垂直粘贴。

9）铺贴搭接宽度不小于100mm。平行于屋脊的搭接缝，应顺流水方向搭接。搭接缝应错开，不得留在天沟或檐沟底部。

2. 质量验收与相关试验记录

（1）屋面的隐蔽工程验收应分层进行，分层记录，即不同时间完成的隐蔽工程必须分别记录，不得将各构造层的隐蔽工程一次记录。

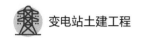

（2）《屋面工程质量验收规范》（GB 50207）对于屋面防水性能的试验首推雨后观察，其次为淋水、蓄水试验。淋水试验要求持续 2h，蓄水应高出屋面最高点 2cm，静置时间不小于 24h。

任务 5.3　建筑电气工程

1. 建筑电气工程质量控制要点

（1）防雷、接地。

接闪器（针、带、网）必须与防雷引下线可靠连接。

接闪器（针、带、网）表面及焊接处不应有锈蚀现象。

接闪带应顺直，支撑点间距均匀且满足规范的规定，接闪带与支架间应固定牢固但不应采用焊接连接。

屋面、外檐上的金属物体、通向室内的金属管道应就近与防雷系统可靠连接。

进、出建筑物的埋地金属管道均应在建筑物外墙的内侧作总等电位联结，或经联结导体与总等电位端子箱连接。

接地电阻测试点的制作安装应满足规范的规定。

等电位联结干线、支线的截面面积应符合设计要求或规范规定。

金属桥架（线槽）的跨接必须可靠，桥架的连接板的两端应有不少于 2 个具有防松功能的固定螺栓。

金属桥架（线槽）及其支架全长应有不少于两处与保护接地（PE）干线可靠连接。

（2）用电设备、配电箱及管线。

应提前对照动力、照明、监控、消防、暖通、建筑、结构图等施工图详细核对。

2. 相关资料与记录

施工记录资料：隐蔽工程验收记录（防雷引下线、等电位联结导体、接地导体、电气导管、接地装置隐蔽等）；配电箱安装记录；电缆敷设记录等。

试验、检测记录（报告）资料：接地电阻测试记录；绝缘电阻测试记录；等电位联结导通性测试记录；建筑照明通电试运行记录等。

质量验收记录资料：检验批质量验收记录；分项工程质量验收记录；子分部工程质量验收记录；分部工程质量验收记录等。

|项目六 安全风险管控要点|

1. 涂料施工

（1）在脚手架上进行涂饰作业前应检查脚手架是否牢固，在悬吊设施上进行涂饰作业前应检查固定端是否牢固，悬索是否结实可靠。

（2）作业人员应着安全防护服，戴密闭式护目镜和口罩。

（3）电动工具清理墙面时，应注意风向和操作方向，防止眼睛沾污受伤，刮腻子和滚涂涂料作业时，尽量保持作业面与视线在同一高度，避免仰头作业。

（4）作业过程中所用的梯子不得搁在楼梯或斜坡上作业。使用的工具性脚手架、跳板等材料必须符合规定，搭设应稳固。脚手板跨度不得大于 2m，材料堆放不得过于集中，同一跨度内作业不得超过两人。

（5）在室内光线照射不充足的地方作业及夜间作业时，必须保证工作面内有足够的照明，夜间在楼梯间过道和转角处必须设置照明。

（6）进行耐酸、防腐和有毒材料作业时，应保持室内通风良好，应加强防火、防毒、防尘和防酸碱的安全防护。

（7）机械喷浆的作业人员应佩戴防护用品。压力表，安全阀应灵敏可靠。输浆管各部接口应拧紧卡牢，管路应避免弯折。输浆作业应严格按照规定的压力进行。发生超压或管道堵塞时，应在停机泄压后方可进行检修。

（8）涂刷作业中应采取通风措施，作业人员如感头痛、恶心、心闷或心悸时，应立即停止作业并采取救护措施。仰面粉刷应采取防止粉末等侵入眼内的防护措施。油漆使用后应及时封存，废料应及时清理。不得在室内用有机溶剂清洗工器具。溶剂性防火涂料作业时，按规定佩戴劳保用品，若皮肤沾上涂料应及时使用相应溶剂棉纱擦拭，再用肥皂和清水洗净。

2. 瓷砖、石材铺贴

（1）切割石材、瓷砖应采取防尘措施，操作人员应佩戴防护口罩。

（2）瓷砖墙面作业时，瓷砖碎片不得向窗外抛扔。剔凿瓷砖应戴防护镜。贴面砖的过程中应防止砂浆落入眼中。机械操作过程中要防止机械伤人。

（3）使用电钻、砂轮等手持电动工具，必须装有漏电保护器，作业前应试机检查，作业时应戴绝缘手套。

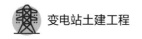

3. 门窗安装

（1）安装门窗必须采用预留洞口的方法，严禁采用边安装边砌口或先安装后砌口。洞口与副框、副框与门窗框拼接处的缝隙，应用密封膏封严。不得在门窗框上安放脚手架、悬挂重物或在框内穿物起吊。

（2）搬运玻璃要戴胶手套或用布纸垫包边口锐利部分，堆放玻璃应平稳，防止倾塌。门窗安装时严禁在垂直方向的上下两层同时进行作业，以免玻璃掉落伤人。

（3）门窗安装时若涉及高处作业，应做好高处作业的防护措施。

模块十一 构架组立吊装工程

|项目一 构架组立吊装|

（1）构架吊装施工前准备：施工现场布置合理，工器具选择得当。

（2）钢管结构构架柱组立：

1）复测基础标高、轴线，检查预埋螺栓位置及露出长度等，超出允许偏差时，应做好技术处理。

2）钢柱在搬运和卸车时，严禁碰撞和急剧坠落。

3）钢管构架柱组装时连接牢固，无松动现象，应使用高强螺栓，并使用力矩扳手对称均匀紧固。螺栓紧固力矩应符合设计要求，力矩扳手使用前应进行校验。螺栓紧固分两次进行，第一次进行初拧（紧固力矩为额定紧固力矩的一半），第二次进行终拧（额定紧固力矩）。

4）钢管构架柱吊装前根据高度、杆型、重量及场地条件等选择起重机械，并计算合理吊点位置、吊车停车位置、钢丝绳及拉绳规格型号等。在钢管构架的吊点处宜采用合成纤维吊装带绕两圈，再通过吊装 U 形环与吊装钢丝绳相连，以确保对钢柱镀锌层的保护。

5）当构架柱立起后必须设置拉线，拉线紧固前应将构架柱基本找正，拉线与地面的夹角不大于 45°。

6）构架柱的校正采用两台经纬仪同时在相互垂直的两个面上检测。校正时从中间轴线向两边校正，每次经纬仪的放置位置应做好记号，避免造成误差。校正时应避开阳光强烈的时间进行。

7）构架柱校正合格后：① 采用地脚螺栓连接方式时，进行地脚螺栓的紧固，螺栓的穿向垂直由下向上，横向同类构件一致；② 采用插入式连接方式时，

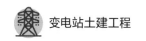

应清除杯口内的泥土或积水后进行二次灌浆，灌浆时用振动棒振实，不得碰击木楔，并及时留置试块。

（3）构架梁吊装。

1）复验支座及支撑系统的轴线、标高、水平度等，超出允许偏差时，做好技术处理。

2）钢梁及构件在搬运和卸车时，严禁碰撞和急剧坠落，并且在钢梁与运送车体之间加衬垫，以防构件变形及镀层脱落。

3）选择好吊点位置防止构件变形、失稳，必要时应采取加固措施。

4）组装时要严格按照施工图纸要求，对号入座，并严格控制预起拱高度。重点检查组装工艺和螺栓紧固情况，螺纹严禁进入剪切面。

5）钢管构架梁组装时连接牢固，无松动现象，应使用高强螺栓，并使用力矩扳手对称均匀紧固。螺栓紧固力矩应符合设计要求，力矩扳手使用前应进行校验。螺栓紧固分两次进行，第一次进行初紧（紧固力矩为额定紧固力矩的一半），第二次进行终紧（额定紧固力矩）。

6）起吊时要缓缓起钩，构架梁两侧挂牵引绳牵引构件空中摆动及就位动作。

7）构架吊装及找正严格控制误差，柱与梁组装经检验合格后再正式紧固。

|项目二 安全风险管控要点|

（1）汽车起重机不准吊重行驶或不打支腿就吊重。在打支腿时，支腿伸出放平后，即关闭支腿开关，如地面松软不平，应修整地面，垫放枕木。起重机各项措施检查安全可靠后再进行起重作业。起吊物应绑牢，并有防止倾倒措施。吊钩悬挂点应与吊物的重心在同一垂直线上，吊钩钢丝绳应保持垂直，严禁偏拉斜吊。落钩时，应防止吊物局部着地引起吊绳偏斜，吊物未固定好，严禁松钩。

（2）吊索（千斤绳）的夹角一般不大于90°，最大不得超过120°，起重机吊臂的最大仰角不得超过制造厂铭牌规定。

（3）起吊绳（钢丝绳）及U形环必须作拉力承载试验，有试验报告。钢丝绳的辫接长度必须满足钢丝绳直径的15倍且最小长度不得小于300mm。起吊大件或不规则组件时，应在吊件上拴以牢固的溜绳。

（4）起重工作区域内无关人员不得停留或通过。在伸臂及吊物的下方，严禁任何人员通过或逗留。

（5）起吊前应检查起重设备及其安全装置。吊离地面约 10cm 时应暂停起吊并进行全面检查，确认良好后方可正式起吊。起重机吊运重物时应走吊运通道，严禁从有人停留场所上空越过。对起吊的重物进行加工、清扫等工作时，应采取可靠的支承措施，并通知起重机操作人员。吊起的重物不得在空中长时间停留。

（6）起重机在工作中如遇机械发生故障或有不正常现象时，放下重物、停止运转后进行排除，严禁在运转中进行调整或检修。如起重机发生故障无法放下重物时，必须采取适当的保险措施，除排险人员外，严禁任何人进入危险区。

（7）不明重量、埋在地下或冻结在地面上的物件，不得起吊。

（8）严禁以运行的设备、管道以及脚手架、平台等作为起吊重物的承力点。

（9）两台及以上起重机抬吊情况下，绑扎时应根据各台起重机的允许起重量按比例分配负荷。

模块十二 给 排 水 工 程

|项目一 站内给排水工程|

给水系统是指通过管道及辅助设备，按照建筑物生产、生活和消防的需要，有组织地输送到用水地点的网络。排水系统是指通过管道及辅助设备，把屋面、站区雨水及生活和生产过程所产生的污水、废水及时排放出去的网络。

1. 施工作业

应根据作业活动的顺序、工艺以及作业环境，将作业的全过程优化为最佳的作业顺序，形成标准作业程序。

（1）干管安装：按设计坐标、标高、坡向做好托、吊架。施工条件具备时，将预制加工的管件，按编号运至安装部位进行安装。各管道黏接时必须按黏接工艺依次进行。全部粘连后，坡度均匀，各预留洞口的位置准确。干管安装完成后应做闭水试验，出口应用充气橡胶堵封，达到不渗漏，即 5min 内水位不下降为合格。干管粘贴牢固后在近流水方向找坡度，最后将预留洞口封严。地下埋设管道：根据图纸要求的坐标、标高、预留槽洞来预埋套管，再开挖沟槽并回填夯实，回填时应先用细砂回填至管道上皮 100mm，回填土经过过筛，夯实时不能碰损管道。

（2）立管安装：立管按设计要求安装伸缩节，无设计要求应按规范要求将伸缩节置于三通下方（如三通在楼板侧面则置于三通上方），立管穿楼板处固定。安装前首先清理上次已预留的伸缩节，将锁母拧下，取出 U 形胶圈，清理杂物，复查顶板洞口是否合适。立管插入端应先划好插入长度标记，然后用力插到标记为止（一般预留胀缩量为 20～30mm）。合适后即用自制 U 型钢制抱卡紧固于伸缩节上沿。然后找正找直，并测量顶板与三通口的距离是否符合要求。无误后即可堵洞，并将上层预留伸缩节封严。立管伸缩节在楼层层高不大于 4m 时，排水立管和通气立管每层设一段伸缩节。层高大于 4m 时，其数量应根据管道设计的伸缩量和伸缩节允许伸缩量来计算确定。

（3）雨水检查井施工：检查井底基础与管道基础应同时浇筑，井壁墙体砌筑每次收进不大于 30mm。井内的流槽应在井壁砌至管顶以上时进行施工。井内钢筋踏步应随砌随安，位置准确。混凝土井壁踏步在现浇模板完成后安装，井管道顶部采用砖拱。检查井井盖安装时采用经纬仪测点统一安装，井盖标高采用水准仪测设水准点安装。井内壁和流槽应按需要制作弧形模板粉刷成形，管与井壁接触处用砂浆灌满，不得漏水，雨水口支管管口与井口墙面相齐，井圈高程应比路面低 10mm 为宜。

（4）管道试压：给水管在隐蔽前进行单项水压试验，管道系统安装完成后进行综合水压试验，给水管道为铸铁管及镀锌管时，试验压力为工作压力的 1.5 倍，但不得小于 0.6MPa，10min 内压力降至不大于 0.05MPa，不渗不漏为合格。给水管材为塑料管时，试验压力为工作压力的 1.5 倍，但不得小于 0.6MPa，稳压 1h 压力降不大于 0.05MPa，不渗不漏为合格。站区内通长排水管道灌水，从上部检查井灌水，灌水高度为管顶 1.0m，30min 内不渗漏为合格。压力排水管道按设计要求做水压试验，系统试验压力应超过工作压力 1.25 倍，10min 内压力降至不大于 0.05MPa 即可。

（5）管道系统防腐：按设计要求，外露管道、埋地管道、管支架等均应防腐。焊接钢管被涂表面应进行除锈，镀锌钢管外壁去除表面油污等脏物，外露的焊接钢管、钢管件外壁以及钢构件的防腐涂料采用防腐涂料，涂层结构二底二面，底漆漆膜厚度大于等于 0.2mm。

（6）管道密封试验：按井距划分，抽样选取，带井试验。若条件允许可一次试验不超过 5 个连续井段。当管道内径大于 700mm 时，可按管道井段数量抽样选取 1/3 进行试验，试验不合格时，抽样井段数量应在原抽样基础上加倍进行试验。二次网一般要求试压 16kg 以上，不过有些情况达不到，8kg 也可以，10min 压降不超过 0.02kg 就合格，否则一定会有问题。一次网试压要求 25kg，其他要求一次、二次网相同。

（7）沟槽回填：给水管道应分两次回填，安管试压以前进行回填，管道两侧及管顶 0.5m 范围内进行土方回填，管道接口处不应回填。第二次回填应在水压试验以后回填，沟底至管顶以上 0.5m 范围内应进行人工素土回填，回填物不

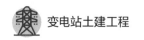

得含有机物及砖石等硬物，并应控制回填土方含水率。回填时管道两侧应对称分层回填，每层厚度不大于 250mm，应采用人工夯实。管顶 0.5m 以上部位回填土可采用机械回填，回填时也应分层、分段回填，机械夯实。

2. 雨水检查井标准工艺质量控制要点

（1）雨水井的规格、尺寸、位置正确。

（2）雨水井底板及进、出水的标高符合设计要求，见图 12-1。

图 12-1 雨水井底板及进、出水的标高符合设计要求

|项目二 建筑物给排水工程|

建筑中水系统是指建筑物的冷却水、沐浴排水、盥洗排水、洗衣排水等为水源，经过物理、化学方法的工艺处理，用于厕所冲洗便器、绿化、洗车、道路浇洒、空调冷却及水景等的供水系统。给水系统是指通过管道及辅助设备，按照建筑物生产、生活和消防的需要，有组织地输送到用水地点的网络。排水系统是指通过管道及辅助设备，把屋面、站区雨水及生活和生产过程所产生的污水、废水及时排放出去的网络。

（1）室内给水管道的水压试验必须符合设计要求。当设计未注明时，各种材质的给水管道系统试验压力均为工作压力的 15 倍，但不得小于 0.6MPa。

检验方法：金属及复合管给水管道在试验压力下观测 10min，压力降不应大于 0.02MPa，然后降到工作压力进行检查，应不渗不漏；塑料管给水系统应在试验压力下稳压 1h，压力降不得超过 0.05MPa，然后在工作压力的 1.15 倍状态下稳压 2h，压力降不得超过 0.03MPa，同时检查各连接处不得渗漏。

（2）给水系统交付使用前必须进行通水试验并做好记录。

检查方法：观察和开启阀门、水嘴等放水。

（3）给水引入管与排水排出管的水平净距不得小于 1m。室内给水与排水管道平行敷设时，两管间的最小水平净距不得小于 0.5m；交叉铺设时，垂直净距不得小于 0.15m。给水管应铺在排水管上面，若给水管必须铺在排水管下面时，给水管应加套管，其长度不得小于排水管管道径的 3 倍。

（4）管道及管件焊接的焊缝表面质量应符合下列要求：

1）焊缝外形尺寸应符合图纸和工艺文件的规定，焊缝高度不得低于母材表面，焊缝与母材应圆滑过渡。

2）焊缝热影响区表面应无裂纹、未熔合、未焊透、夹渣、弧坑和气孔等缺陷。

（5）给水水平管道应有 2%～5% 的坡度坡向泄水装置。

（6）管道的支吊架安装应平整牢固，钢管管道支架最大间距见表 12-1，塑料管及符合管道支架最大间距见表 12-2。

表 12-1　　　　　　　　　钢管管道支架最大间距　　　　　　　　　　（m）

公称直径（mm）		15	20	25	32	40	50	70	80	100	125	150	200	250	300
最大间距	保温管	2	2.5	2.5	2.5	3	3	4	4	4.5	6	7	7	8	8.5
	不保温管	2.5	3	3.5	4	4.5	5	6	6	6.5	7	8	9.5	11	12

表 12-2　　　　　　　　塑料管及符合管道支架最大间距　　　　　　　　（m）

公称直径（mm）			12	14	16	18	20	25	32	40	50	63	75	90	110
最大间距	立管		0.5	0.6	0.7	0.8	0.9	1	1.1	1.3	1.6	1.8	2.0	2.2	2.4
	水平管	冷水	0.4	0.4	0.5	0.5	0.6	0.7	0.8	0.9	1	1.1	1.2	1.35	1.35
		热水	0.2	0.2	0.25	0.3	0.3	0.35	0.4	0.5	0.6	0.7	0.8		

|项 目 三　安 全 风 险 管 控 要 点|

（1）人工挖土方应根据管道设计深度和土质情况采取放坡。

（2）深度超过 2m 的给排水管沟，应视情况采取防护措施。挖管道土方时，

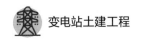

残土应堆放距坑边 1m 以上，高度不超过 1.5m，且为管道敷设留出一定的作业距离。严禁车辆在开挖的基坑边缘 2m 内行驶、停放。弃土堆放距基坑边缘 0.8m 以外，软土场地的基坑边不得堆土。

（3）对进入出现边坡开裂、疏松和支撑松动的地方，应立即采取措施，严禁施工人员进入。

（4）作业人员不得在支撑和沟坡脚下休息。

（5）沟道中出现地下水时，应及时排水。

（6）作业人员应使用爬梯上下，材料、工器具等物品传递必须使用绳索或作业人员传递，不得抛掷。

模块十三　脚　手　架　工　程

| 项目一　扣件式钢管脚手架搭设与拆除 |

脚手架指施工现场为工人操作并解决垂直和水平运输而搭设的各种支架。建筑界的通用术语，指建筑工地上用在外墙、内部装修或层高较高无法直接施工的地方。主要是为了施工人员上下工作或外围安全网维护及高空安装构件等，脚手架制作材料通常有竹、木、钢管或合成材料等。

1. **脚手架搭设的一般规定**

（1）对于用作剪刀撑的钢管，防锈漆刷好后，再在表面加涂刷黄/黑相间色油漆，间距 400mm。

（2）挡脚板采用 18mm 厚木板制作而成，高度 180mm，外立面刷成黄/黑相间色油漆，间距 200mm，45°斜度。

（3）应清除搭设场地杂物，平整搭设场地，并使排水畅通。

（4）搭拆登高人员必须持证上岗并正确佩戴和使用安全防护用品。

（5）脚手架与主体工程进度同步搭设，一次搭设高度不应超过相邻连墙件两步。每层作业面做到同步防护。

（6）搭设时从一个角部开始并向两边延伸交圈搭设。每搭设完一步脚手架后，应立即校正步距、纵距、横距及立杆的垂直度。应按定位依次竖起立杆，将立杆与纵、横向扫地杆连接固定，然后装设第一步的纵向和横向水平杆，随校正立杆垂直后予以固定，并按此要求继续向上搭设。

（7）开始搭立杆时，应每隔 6 跨设置一根抛撑，待连墙件安装稳定后，方可根据情况拆除抛撑。

（8）当搭至有连墙件的构造结点时，在搭设完该处的立杆及纵、横向水平

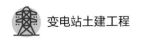

杆后,应立即设置连墙件。剪刀撑、斜杆等整体拉结杆件和连墙件应随搭升的架子及时、同步设置。

(9)脚手架处于顶层连墙件之上的自由高度不得大于 6m,当作业层高出其下连墙件 2 步或 4m 以上、且其上尚无连墙件时,应采取适当的临时撑拉措施。

(10)作业层、斜道的栏杆和挡脚板均应搭设在外立杆的内侧,上防护栏杆的高度应为 1.2m(见图 13-1)。

(11)作业人员应经过应急培训,熟悉本工程现场应急处置方案。

(12)作业人员在架子上进行搭设作业时,必须佩戴安全帽和使用安全带,不得单人进行装设较重构配件和其他易发生失衡、脱手、碰撞、滑跌等不安全的作业。作业面上应铺设必要数量的脚手板并予临时固定。

(13)架体有供人员上下的垂直爬梯、阶梯或斜道。

(14)架体的合适位置应布设有针对性且规范的安全标示牌。

(15)脚手架搭设完毕并经验收合格挂牌后方可使用。

(16)脚手架使用期间严禁擅自拆除剪刀撑以及主节点处的纵横向水平杆、扫地杆、连墙件。

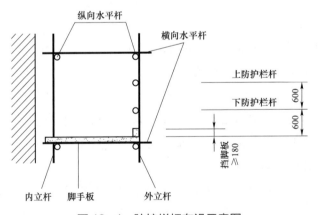

图 13-1 防护栏杆布设示意图

2. 脚手架搭设流程

施工准备→场地平整、夯实→定位设置通长脚手板、底座→纵向扫地杆→立杆→横向扫地杆→小横杆→大横杆→剪刀撑→连墙件→铺脚手板→扎防护栏杆→扎安全网、挡脚板→验收。

3. **作业方法**

（1）地基与垫板。

1）脚手架（井架）的立杆，应垂直平稳放在金属底座或垫块上。 基础横向向外要有排水坡度， 并做到坚实平整、 排水畅通， 垫板不晃动、不沉降，立杆不悬空。

2）当脚手架基础下有设备基础、管沟时，在脚手架使用过程中不得开挖，否则必须采取加固措施。

（2）定距定位。根据构造要求在建筑物四角用尺量出内、外立杆离墙距离，并做好标记。用钢卷尺拉直，分出立杆位置，并用小竹片点出立杆标记。垫板、底座应准确地放在定位线上，垫板必须铺放平整，不得悬空，定距定位参数见表 13-1。

表 13-1　　　　　　　定 距 定 位 参 数　　　　　　（m）

脚手架构造及形式	立杆间距		操作层纵向水平杆间距	横向水平杆步距	纵向水平杆挑向墙面的悬臂长
	横向	纵向			
单排	1.2～1.5	≤2	≤1.0	1.2～1.4	—
双排	1.5	≤1.5	≤0.75	1.2～1.4	0.45
单排	1.2～1.5	≤2	≤1.5	1.5～1.8	—
双排	1.5	≤1.5	≤1.0	1.6～1.8	0.4

注　最下一步的步距可放大到1.8m。

（3）横向扫地杆。

1）纵向扫地杆采用直角扣件固定在距离基础上表面小于等于 200mm 处的立杆内侧。

2）横向扫地杆采用直角扣件固定在紧靠纵向扫地杆下方的立杆上。

3）当立杆基础在不同高度上时，必须将高处的纵向扫地杆向低处延长两跨与立杆固定，高低差不应大于 1m。靠边坡上方的立杆轴线到边坡的距离不应小于 500mm。

4）脚手架主节点处必须设置横向扫地杆，横向扫地杆采用直角扣件固定在紧靠纵向扫地杆下方的立杆上。

（4）立杆。

1）脚手架的立杆应垂直，立杆底端必须设有垫板，横杆应平行并与立杆成直角搭设。底层步距 1.8m。整个架体从立杆根部引设两处（对角）防

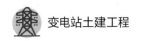

雷接地。

2）立杆接长，顶层顶步可采用搭接，搭接长度不应小于 1m，应采用不小于三个旋转扣件固定，端部扣件盖板的边缘至杆端距离不应小于 100mm。其余各层必须采用对接扣件连接。

3）相邻立杆的对接扣件不得在同一高度，应相互错开。

4）立杆顶端应高出女儿墙上表面 1m，高出屋顶檐口 1.5m。立杆及纵横向水平杆构造要求见图 13-2。

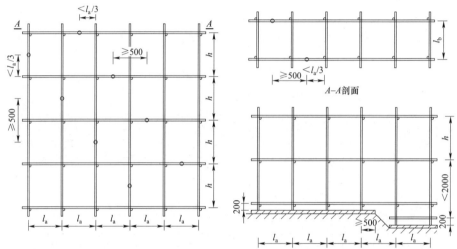

说明：脚手架必须设置纵横向扫地杆。纵向扫地杆应采用直角扣件固定在距底座上皮不大于 200mm 处的立杆上。横向扫地杆亦应采用直角扣件固定在紧靠纵向扫地杆下方的立杆上。当立杆基础不在同一高度上时，必须将高处的纵向扫地杆向低处延长两跨与立杆固定，高低差不应大于 1m。靠边坡上方的立杆轴线到边坡的距离不应小于 500mm。

图 13-2 立杆及纵横向水平杆构造要求

（5）纵向水平杆。

1）纵向水平杆设置在立杆内侧，其长度不得小于 3 跨。

2）纵向水平杆用对接扣件接长，也可采用搭接。

3）第一步步距不得大于 2m，第二步起每步步距应为 1.8m。

4）纵向水平杆的对接扣件应交错布置，两根相邻纵向水平杆的接头不宜设置在同步或同跨内。不同步不同跨两相邻接头在水平方向错开的距离不应小于 500mm。各接头中心至最近主节点的距离不宜大于跨距的 1/3。

5）搭接长度不应小于 1m，应等间距设置 3 个旋转扣件固定，端部扣件盖板边缘至纵向水平杆杆端部的距离不应小于 100mm。

6）当墙壁有窗口、穿墙套管板等孔洞处时，应在该处架体内侧上下两根纵向水平杆之间加设防护栏杆。

7）当内侧纵向水平杆离墙壁大于 250mm 时，必须加纵向水平防护杆或加设木脚手板防护。

（6）横向水平杆。

1）主节点处必须设置一根横向水平杆，用直角扣件连接且严禁拆除。

2）作业层上非主节点处的横向水平杆，根据支承脚手架的需要等间距设置，最大间距不应大于纵距的 1/2。

3）脚手架横向水平杆的靠墙一端至墙装饰面的距离不得大于 100mm。

（7）剪刀撑。

1）必须在脚手架外侧立面纵向的两端各设置一道由底至顶连续的剪刀撑。两剪刀撑内边之间距离应小于等于 15m。

2）脚手架的两端、转角处以及每隔 6～7 根立杆，应设支杆及剪刀撑，支杆和剪刀撑与地面的夹角不得大于 60°。一般 45°～55° 为佳，脚手架高度每隔 4m、水平每隔 7m 处设置与建筑物牢固的连接点。

3）剪刀撑杆的接长采用搭接，搭接长度不得小于 1m，应采用不少于 3 个旋转扣件固定。

4）剪刀撑的斜杆除两端用扣件与脚手架的立杆或纵向水平杆扣紧外，在其中间应增加 2～4 个扣结点，剪刀撑斜杆与架体固定的旋转扣件的中心线至主节点的距离不宜大于 150mm。

（8）连墙件。主节点处必须设置 1 根横向水平杆，用直角扣件连接且严禁拆除，连墙件在建筑物侧一般设置在梁柱或楼板等具有较好抗拉水平力作用的结构部位。在脚手架侧应靠近主节点设置，偏离主节点的距离不大于 300mm。连墙件布置最大间距不得超过 3 步 3 跨，严禁使用仅有拉筋的柔性连墙件。连墙件与脚手架不能水平连接时，与脚手架连接的一端应下斜连接。连墙件应优先采用菱形布置，也可采用矩形布置，设置时应从底层第一步纵向水平杆处开始，当在该处设置确有困难时，应采用其他可靠措施固定。脚手架暂不能设连墙件时，用通常杆搭设抛撑与架体可靠连接，连墙件搭设后方可拆除抛撑，脚手架刚性连墙件构造示意图见图 13-3。

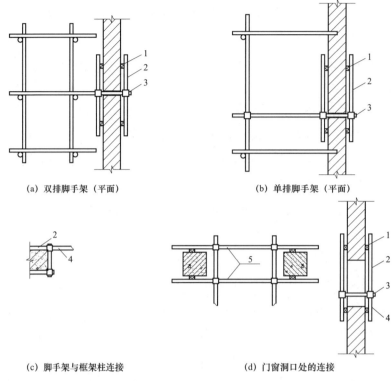

(a) 双排脚手架（平面）　　　　　　　　(b) 单排脚手架（平面）

(c) 脚手架与框架柱连接　　　　　　　(d) 门窗洞口处的连接

图 13-3　脚手架刚性连墙件构造示意图

1—垫木；2—短钢管；3—直角扣件；4—横向水平杆；5—附加钢管

（9）安全通道搭设及脚手架斜道搭设。

1）安全通道搭设。安全通道顶部挑空的一根立杆两侧应设斜杆支撑，斜杆与地面的倾角为 45°～60°，防护棚顶棚采用双层竹串片，层间距为 0.5m，安全通道采用密目安全网封闭。外墙架体部分通道内侧面设横向斜撑。安全通道宽度为 3m，进深长度宜 4m。安全通道顶棚平面的钢管做到设置两层（十字布设）、间距 600mm，上层四周应设置高 900mm 的围栏围挡。设有针对性的安全标示牌等。

2）脚手架斜道搭设。

a. 斜道应附着外墙脚手架或建筑物搭设。高度大于 6m 的脚手架不得采用"一"字形斜道，应采用"之"字形斜道或非连续一字型斜道，人行斜道宽度不宜小于 1m、休息平台宽度 1m、坡度宜采用（高：长）1:3，并应钉防滑条，防滑条的间距不得大于 300mm。运送物料的通道宽度不小于 1.5m，坡度宜采用 1:6，上人斜道两侧应设置双道防护栏杆和踢脚板（上道栏杆高度 950mm，下道栏杆高度 450mm，踢脚板高度 180mm，栏杆和踢脚板表面刷黄黑警示色油漆）。

b. 斜道坡度应保持在 300～450mm 斜道应满铺脚手板。斜道拐弯处设置的平台，其宽度不小于斜道宽度。

c. 斜道拐弯处设置的平台，其宽度不小于斜道宽度（人行斜道大于等于 1m 为宜，运料斜道大于等于 1.5m 为宜）。斜道上按每隔 250～300mm 设置一根厚度为 20～30mm 的防滑木条（人行斜道也可采用阶梯式布设）。斜道两侧及平台外围栏杆高度为 1.2m。人行、材料运输斜道两边及平台外边防护栏杆下 600mm 处应增设一道防护栏且用密目式安全立网在栏杆内侧全封闭或安装 180mm 高度的挡脚板。

（10）脚手板的铺设要求。

1）脚手架里排立杆与结构层之间均应铺设木板：板宽为 200mm，里外立杆间应满铺脚手板，板与板紧靠，采用对接时，接头处下设两根小横杆。采用搭接时，接槎应顺重车方向，竹芭脚手板应按主竹筋垂直于大横杆方向铺设，且采用对接平铺，四角应采用铁丝固定在大横杆上，不得留有探头板。使用竹芭脚手板时，横向水平杆必须与立杆用扣件连接，纵向水平杆不应与立杆连接。

2）脚手板两端须用 12～14 号铅丝双股并联绑扎，不少于 4 点，要求绑扎牢固，交接处平整，铺设时要选用完好无损的脚手板，发现有破损的要及时更换。

3）脚手板应铺设平稳并绑牢，不平处用木块垫平并钉牢，但不得用砖垫。脚手板与墙面的间距不得大于 200mm，脚手板的搭接长度不得小于 200mm，对头搭接处应设双排纵向水平杆。双排纵向水平杆的间距不得大于 200mm，在脚手架拐弯处，脚手板应交错搭接。

4）在架子上翻脚手板时，应有两人从里向外按顺序进行。工作时应系好安全带，下方应设安全网。

（11）防护栏杆。

1）脚手架外侧使用合格绿色密目式安全网封闭，且将安全网固定在脚手架外立杆里侧。

2）选用 18 铅丝张挂安全网，要求严密、平整。

3）脚手架外侧、斜道和平台应设 0.6m、高 1.2m 的两道栏杆和高 18cm 的挡脚板。

4）脚手架内侧形成临边的（如遇大开间门窗洞等），在脚手架内侧设 1.2m 的防护栏杆和 30cm 高踢脚杆。

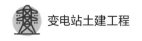

（12）其他。

1）脚手架所有水平杆和立杆端部必须对齐，并用橡胶套封口。

2）搭设脚手架前应进行保养，除锈并统一涂色，颜色力求美观。工程所有脚手架立杆、防护栏杆、踢脚杆统一刷黄色漆，剪刀撑统一刷黄黑相间色，间距400mm。底排立杆、扫地杆均刷红白相间色，间距400mm。

3）脚手架在搭设前必须悬挂脚手架搭设牌，在验收完成后，必须悬挂脚手架验收牌（见图13-4）。

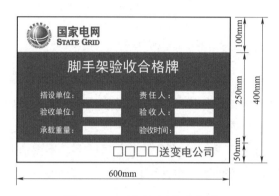

图13-4 脚手架验收合格牌

4. 脚手架的拆除

（1）脚手架拆除前，应全面检查脚手架，清除剩余材料、工器具及杂物。

（2）地面应设安全围栏和安全标示牌，并派专人监护，严禁非施工人员入内。

（3）拆除时应从顶层开始（后装先拆、先装后拆），先拆横杆，后拆立杆，逐步往下拆除，禁止上下步同时拆除。

（4）同步的构配件和加固件应按先上后下，先外后里顺序进行。

（5）连墙点等应随拆除进度逐步拆除，严禁抢先拆除。

（6）脚手架构配件应成捆用吊具吊下，无吊具用滑轮绳索徐徐下运或人工搬运，严禁抛掷。

（7）拆下的脚手架构配件，按规格整理堆放整齐并及时出场。

（8）脚手架如需部分保留时，对保留部分应先加固，并采取其他专项措施经批准后方可实施拆除。

（9）拆除脚手架时，必须设置安全围栏确定警戒区域、挂好警示标志并指定监护人加强警戒，应按规定自上而下顺序，不得上下同时拆除。严禁将脚手架整体推倒。架材有专人传递，不得抛扔。

5. 脚手架作业质量标准及检验要求

（1）主控项目。

1）脚手架立杆要垂直，大小横杆要平整。

2）各种连接扣件必须扣接牢固，防止杆件打滑。

3）相邻两柱的接头必须错开，不得在同一步距内。

4）里外上下相邻的两根大横杆的接头必须错开，不得集中在一组立柱间距之间驳接。

5）搭接十字撑，应将一根斜杆扣在立柱上，另一根则扣在小横杆的伸出部分，斜杆两端的扣件与立柱节点的距离不大于 20cm，最下面的斜杆与立柱的连接点离地面不大于 50cm。

6）立杆间距 1.5m，步距 1.5m，连墙件水平间距不大于 6m，垂直间距不大于 4m。

（2）允许偏差。扣件式钢管脚架搭设时的允许偏差见表 13-2。

表 13-2　　　　　　　　扣件式钢管脚架搭设时的允许偏差

项目	允许偏差	检查方法	备注
立柱垂直度	架高在 30m 以下≤1/200	吊线尺量	每 4m 校正
副柱垂直度	架高在 30m 以下≤1/500	吊线尺量	每 4m 校正
立柱间距	±100mm	尺量检查	每 4m 校正
大横杆高度	总长的 1/300 不大于 50mm	拉线尺量	每 4m 校正

| 项目二　承插型盘扣式钢管脚手架搭设与拆除 |

承插型盘扣式钢管脚手架指的是立杆采用套管承插连接，水平杆和斜杆采用杆端和接头卡入连接盘，用楔形插销连接，形成结构几何不变体系的钢管支架。根据使用用途可分为支撑脚手架和作业脚手架。

1. 承插型盘扣式钢管脚手架搭设的一般规定

（1）通用规定。

1）脚手架的构造体系应完整，脚手架应具有整体稳定性。

2）应根据施工方案计算得出的立杆纵横向间距选用定长的水平杆和斜杆，并应根据搭设高度组合立杆、基座、可调托撑和可调底座。

3）脚手架搭设步距不应超过 2m。

4）脚手架的竖向斜杆不应采用钢管扣件。

5）当标准型（B 型）立杆荷载设计值大于 40kN，或重型（Z 型）立杆荷载设计值大于 65kN 时，脚手架顶层步距应比标准步距缩小 0.5m。

（2）支撑架。

1）支撑架的高宽比宜控制在 3 以内，高宽比大于 3 的支撑架应与既有结构进行刚性连接或采取增加抗倾覆措施。

2）对标准步距为 15m 的支撑架，应根据支撑架搭设高度、支撑架型号及立杆轴向力设计值进行竖向斜杆布置，竖向斜杆布置型式选用应符合表 13－3 和表 13－4 的要求。

表 13－3　　　　　标准型（B 型）支撑架竖向斜杆布置型式

立杆轴力设计值 N（kN）	搭设高度 H（m）			
	H≤8	8＜H≤16	16＜H≤24	H＞24
N≤25	间隔 3 跨	间隔 3 跨	间隔 2 跨	间隔 1 跨
25＜N≤40	间隔 2 跨	间隔 1 跨	间隔 1 跨	间隔 1 跨
N＞40	间隔 1 跨	间隔 1 跨	间隔 1 跨	每跨

表 13－4　　　　　重型（Z 型）支撑架竖向斜杆布置型式

立杆轴力设计值 N（kN）	搭设高度 H（m）			
	H≤8	8＜H≤16	16＜H≤24	H＞24
N≤40	间隔 3 跨	间隔 3 跨	间隔 2 跨	间隔 1 跨
40＜N≤65	间隔 2 跨	间隔 1 跨	间隔 1 跨	间隔 1 跨
N＞65	间隔 1 跨	间隔 1 跨	间隔 1 跨	每跨

3）当支撑架搭设高度大于 16m 时，顶层步距内应每跨布置竖向斜杆。

4）支撑架可调托撑伸出顶层水平杆或双槽托梁中心线的悬臂长度不应超过 650mm，且丝杆外露长度不应超过 400mm，可调托撑插入立杆或双槽托梁长度不得小于 150mm。

5）支撑架可调底座丝杆插入立杆长度不得小于 150mm，丝杆外露长度不宜大于 300mm，作为扫地杆的最底层水平杆中心线高度离可调底座的底板高度不应大于 550mm。

6）当支撑架搭设高度超过 8m 有既有建筑结构时，应沿高度每间隔 4～6 个步距与周围已建成的结构进行可靠拉结。

7）支撑架应沿高度每间隔 46 个标准步距应设置水平剪刀撑。

8）当以独立塔架形式搭设支撑架时，应沿高度间隔 2～4 个步距与相邻的独立塔架水平拉结。

9）当支撑架架体内设置与单支水平杆同宽的人行通道时，可间隔抽除第一层水平杆和斜杆形成施工人员进出通道，与通道正交的两侧立杆间应设置竖向斜杆；当支撑架架体内设置与单支水平杆不同宽人行通道时，应在通道上部架设支撑横梁，横梁的型号及间距应依据荷载确定。通道相邻跨支撑横梁的立杆间距应根据计算设置，通道周围的支撑架应连成整体。洞口顶部应铺设封闭的防护板，相邻跨应设置安全网。通行机动车的洞口，应设置安全警示和防撞设施。

（3）作业架。

1）作业架的高宽比宜控制在 3 以内；当作业架高宽比大于 3 时，应设置抛撑或揽风绳等抗倾覆措施。

2）当搭设双排外作业架时或搭设高度 24m 及以上时，应根据使用要求选择架体几何尺寸，相邻水平杆步距不宜大于 2m。

3）双排外作业架首层立杆宜采用不同长度的立杆交错布置，立杆底部宜配置可调底座或垫板。

4）当设置双排外作业架人行通道时，应在通道上部架设支撑横梁，横梁截面大小应按跨度以及承受的荷载计算确定，通道两侧作业架应加设斜杆；洞口顶部应铺设封闭的防护板，两侧应设置安全网；通行机动车的洞口，应设置安全警示和防撞设施。

5）双排作业架的外侧立面上应设置竖向斜杆，并应符合下列规定：

a. 在脚手架的转角处、开口型脚手架端部应由架体底部至顶部连续设置斜杆。

b. 应每隔不大于 4 跨设置一道竖向或斜向连续斜杆；当架体搭设高度在 24m 以上时，应每隔不大于 3 跨设置一道竖向斜杆。

c. 竖向斜杆应在双排作业架外侧相邻立杆间由底至顶连续设置。

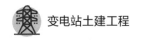

（4）连墙件。

1）连墙件的设置应符合下列规定：

a. 连墙件应采用可承受拉、压荷载的刚性杆件，并应与建筑主体结构和架体连接牢固。

b. 连墙件应靠近水平杆的盘扣节点设置。

c. 同一层连墙件宜在同一水平面，水平间距不应大于 3 跨；连墙点件之上架体的悬臂高度不得超过 2 步。

d. 在架体的转角处或开口型双排脚手架的端部应按楼层设置，且竖向间距不应大于 4m。

e. 连墙件宜从底层第一道水平杆处开始设置。

f. 连墙件宜采用菱形布置，也可采用矩形布置。

g. 连墙点应均匀分布。

h. 当脚手架下部不能搭设连墙件时，宜外扩搭设多排脚手架并设置斜杆形成外侧斜面状附加梯形架。

2）三脚架与立杆连接及接触的地方，应沿三脚架长度方向增设水平杆，相邻三脚架应连接牢固。

2. 作业方法

（1）地基与垫板。

1）脚手架基础应按专项施工方案进行施工，并应按基础承载力要求进行验收，脚手架应在地基基础验收合格后搭设。

2）土层地基上的立杆下应采用可调底座和垫板，垫板的长度不宜少于 2 跨。

3）当地基高差较大时，可利用立杆节点位差配合可调底座进行调整。

（2）支撑架安装与拆除。

1）支撑架立杆搭设位置应按专项施工方案放线确定。

2）支撑架搭设应根据立杆放置可调底座，应按先立杆后水平杆再斜杆的顺序搭设，形成基本的架体单元，应以此扩展搭设成整体脚手架体系。

3）可调底座和土层基础上垫板应水平放置在定位线上，应保持水平。垫板应平整、无翘曲，不得采用已开裂木垫板。

4）在多层楼板上连续设置支撑架时，上下层支撑立杆宜在同一轴线上。

5）支撑架搭设完成后应对架体进行验收，并应确认符合专项施工方案要求后再进入下道工序施工。

6）可调底座和可调托撑安装完成后，立杆外表面应与可调螺母吻合，立杆外径与螺母台阶内径差不应大于 2mm。

7）水平杆及斜杆插销安装完成后，应采用锤击方法抽查插销，连续下沉量不应大于 3mm。

8）当架体吊装时，立杆间连接应增设立杆连接件。

9）架体搭设与拆除过程中，可调底座、可调托撑、基座等小型构件宜采用人工传递。吊装作业应由专人指挥信号，不得碰撞架体。

10）脚手架搭设完成后，立杆的垂直偏差不应大于支撑架总高度的 1/500，且不得大于 50mm。

11）拆除作业应按先装后拆、后装先拆的原则进行，应从顶层开始、逐层向下进行，不得上下同时作业，不应抛掷。

12）当分段或分立面拆除时，应确定分界处的技术处理方案，分段后架体应稳定。

（3）作业架安装与拆除。

1）作业架立杆应定位准确，并应配合施工进度搭设，双排外作业架次搭设高度不应超过最上层连墙件两步，且自由高度不应大于 4m。

2）双排外作业架连墙件应随脚手架高度上升同步在规定位置处设置，不得滞后安装和任意拆除。

3）作业层设置应符合下列规定：

a. 应满铺脚手板。

b. 双排外作业架外侧应设挡脚板和防护栏杆，防护栏杆可在每层作业面立杆的 5m 和 10m 的连接盘处布置两道水平杆，并应在外侧满挂密目安全网。

c. 作业层与主体结构间的空隙应设置水平防护网。

d. 当采用钢脚手板时，钢脚手板的挂钩应稳固扣在水平杆上，挂钩应处于锁住状态。

4）加固件、斜杆应与作业架同步搭设。

5）作业架顶层的外侧防护栏杆高出顶层作业层的高度不应小于 1500mm。

6）当立杆处于受拉状态时，立杆的套管连接接长部位应采用螺栓连接。

7）作业架应分段搭设、分段使用，应经验收合格后方可使用。

8）作业架应经单位工程负责人确认并签署拆除许可令后，方可拆除。

9）当作业架拆除时，应划出安全区，应设置警戒标志，并应派专人看管。

10）拆除前应清理脚手架上的器具、多余的材料和杂物。

11）作业架拆除应按先装后拆后装先拆的原则进行，不应上下同时作业。双排外脚手架连墙件应随脚手架逐层拆除，分段拆除的高度差不应大于两步。如因作业条件限制，当出现高度差大于两步时，应增设连墙件加固。

12）拆除至地面的脚手架及构配件应及时检查、维修及保养，并应按品种、规格分类存放。

3. 检查与验收

（1）当出现下列情况之一时，支撑架应进行检查和验收：

1）基础完工后及脚手架搭设前。

2）支撑架超过8m的高支模每搭设完成6m高度后，作业架首段高度达到6m时。

3）支撑架搭设高度达到设计高度后和混凝土浇筑前，作业架随施工进度逐层升高时以及达到设计高度时。

4）停用一个月以上，恢复使用前。

5）遇6级以上强风、大雨及冻结地区解冻后。

（2）脚手架检查验收应符合以下要求：

1）立杆基础不应有不均匀沉降，可调底座与基础面的接触不应有松动和悬空现象。

2）连墙件设置应符合设计要求，应与主体结构、架体可靠连接。

3）作业架外侧安全立网、内侧层间水平网的张挂及防护栏杆的设置应齐全、牢固。

4）周转使用的脚手架构配件使用前应进行外观检查，并应做记录；搭设的施工记录和质量检查记录应及时、齐全。

5）水平杆扣接头、斜杆扣接头与连接盘的插销应销紧。

| 项目三　脚手架作业安全风险管控要点 |

（1）搭设前应安装好围栏，悬挂安全警示标志，并派专人监护，严禁非施工人员入内。支架立杆2m高度的垂直偏差控制在15mm。脚手架搭设的间距、步距、扫地杆设置必须执行施工方案。

（2）搭设完成应经验收挂牌后使用。分段搭设的脚手架应在各段完成后，以段为单位验收挂牌后使用。

（3）作业人员在架子上进行搭设作业时，不得单人进行装设较重构配件和其他易发生失衡、脱手、碰撞、滑跌等不安全的作业。

（4）当脚手架搭设到四至五步架高时设置剪刀撑，且下部也要垫实不得悬空。

（5）高处作业脚穿防滑鞋、佩戴安全带并保持高挂低用。

（6）每个脚手架架体，必须按规定设置两点防雷接地设施。

（7）专人监测架搭设过程中，架体位移和变形情况。

（8）对脚手架每月至少维护一次；恶劣天气后，必须对脚手架或支撑架全面检查维护后方可恢复使用。

（9）模板支撑脚手架与外墙脚手架不得连接。附近有带电设施时，保持与带电设备的安全距离。

（10）架体使用过程中，主节点处横向水平杆、直角扣件连接件严禁拆除。

模块十四　防雷接地工程

|项目一　防雷接地施工|

随着科学技术的不断发展，安全可靠的防雷接地工程已经从防直击雷开始发展到既防直击雷又防感应雷的综合性防雷体系，本模块根据近年变电站常用的防雷接地体系阐述防雷接地关键工序。

（1）防雷接地沟槽开挖。

1）依据设计施工图纸定位水平接地体与垂直接地体的布设位置，并撒出灰线后进行开挖。

2）水平及垂直接地装置的埋设深度应满足设计要求且在冻土层以下，跨越道路等非土质结构时应加设镀锌套管，接地主网沟槽应根据土质结构和施工方案要求进行放坡，以防塌方。

3）接地装置邻近建构筑物的，沟的中心线应与建构筑物的基础有 1m 以上的距离。接地装置与基础位置发生冲突时可适当调整尺寸以避开基础。

（2）接地极安装。垂直接地体应按照设计要求选用镀锌钢管、镀铜钢棒或镀锌角钢等耐腐蚀的导电体，垂直接地体的间距不宜小于其长度的 2 倍，埋深符合设计要求。

（3）敷设接地线。

1）接地极安装完毕后，即可沿沟敷设水平接地线。接地体（线）连接应采用焊接方式，焊接必须牢固无虚焊。其搭接长度必须符合规定：扁钢为其宽度的 2 倍（至少 3 个棱边焊接）；圆钢为直径的 6 倍；圆钢与扁钢连接时，其长度为圆钢直径的 6 倍；扁钢与钢管、扁钢与角钢焊接时，为了可靠，除应在其接触部位两侧进行焊接外，并应焊以由钢带弯成的弧形（或直角形）卡子与钢管

（或角钢）焊接。

2）接地体（线）为铜与铜或铜与钢之间的连接工艺采用热剂焊（放热焊接）时，其焊接接头必须符合下列规定：被连接的导体必须完全包在接头里；要保证连接部位的金属完全熔化，连接牢固；热剂焊（放热焊接）接头的表面应平滑；热剂焊（放热焊接）接头应无贯穿性的气孔。

3）接地线弯制前应先校平、校直，校正时不得用金属体直接敲打接地线，以免破坏镀锌层。弯制采取冷弯制作，镀锌层遭破坏时，要重新防腐。

4）接地线穿过墙壁、楼板和地坪处应加套管钢管或其他坚固的保护套。有化学腐蚀的部位还应采取防腐措施。

5）接地体焊接处外观应光洁，焊接头内无夹渣、砂眼。接地体焊接位置两侧 100mm 范围内及锌层破损处应涂刷导电防腐涂料或按照设计要求进行防腐处理。在腐蚀性较强的土质环境中，还应加大接地体连接焊接截面积或采取其他防腐处理。防腐处理前，表面必须除锈并去掉焊接处残留的焊药。

6）接地体敷设完后，回填土内不应夹有石块和建筑垃圾等，回填时应分层夯实。

（4）设备接地。

1）所有电气设备及构支架均采用符合设计要求材质的材料与主接地网可靠焊接；接至构支架、电气设备上的连接点，用螺栓连接时应设置防松螺母或防松垫片，确保紧密牢固。

2）带避雷针的构架，至少两点与集中接地装置相连。

3）电气设备的接地，应以单独的接地线与接地网（或接地干线）相连接，不得在一条接地线上串联两个及以上电气设备的接地。

4）电气设备接地引线的规格和数量应按设计要求进行施工，其引至主接地网（或接地干线）的方向宜一致或有规律。做到横平竖直、整齐美观，在直线段上不得有高低起伏和弯曲等情况。

5）活动的金属门、网门、金属爬梯等都应进行接地和跨接地工作。

隐蔽工程验收。每一处接地施工完毕并自检合格后，经过项目部质检员及监理进行隐蔽工程检查验收。合格后进行方可进行接地沟土回填工作，同时做好隐蔽工程的记录。

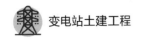 变电站土建工程

|项目二 安全风险管控要点|

（1）作业人员进入施工现场必须正确佩戴安全帽。进行焊接或切割工作时，操作人员应穿戴焊接防护服、防护鞋、焊接手套、护目镜等符合专业防护要求的个体防护装备。

（2）人工挖沟、开孔所使用的工具必须牢固、可靠。作业人员相互之间应保持安全作业距离，横向间距不小于 2m，纵向间距不小于 3m；挖出的土石方应堆放在距坑边 1m 以外，高度不得超过 1.5m。

（3）接地沟槽挖掘施工区域应设置安全警示标志，夜间应有照明灯。

（4）搬运接地极、扁钢、铜排等，要互相配合防止砸伤手脚。

（5）焊接现场不得有易燃、易爆物品。

（6）电焊机的二次线应采用防水橡皮护套铜芯软电缆，电缆长度不应大于 30m，不得采用金属构件或结构钢筋代替二次线的地线。

（7）电焊把钳绝缘必须良好。

（8）使用电焊机焊接时必须穿戴防护用品。

（9）严禁露天冒雨从事电焊作业。

（10）电焊机、冲击钻、切割机等必须有保护接零或保护接地。

（11）冲击钻的电源线，必须采用铜芯多股橡套软电缆或聚氯乙烯绝缘聚氯乙烯护套软电缆。

（12）工作结束、工间休息或下班前必须切断电源。

（13）当采用热熔焊点火时，一旦引燃粉被引燃，操作人员必须立即离开熔模至少 1.50m。当熔焊结束，任何人不得立即直接接触熔模。

模块十五 钢结构建筑物工程

|项目一 钢结构建筑物施工|

钢结构是由钢制材料组成的结构，是主要的建筑结构类型之一，结构主要由型钢和钢板等制成的钢梁、钢柱、钢桁架等构件组成，各构件或部件之间通常采用焊接、螺栓或铆钉连接。因其自重较轻，且施工简便，广泛应用于变电站、换流站工程。

1. **施工工艺流程**

施工准备→构件基础验收→构件进场→钢柱安装→钢梁安装→高强度螺栓连接（焊接或铆钉连接）→梁柱节点焊接→圈梁浇筑→压型钢板底模安装→防腐修复及防火涂施工料→墙体施工→验收。

2. **钢结构吊装**

（1）高强螺栓连接。钢柱与柱间支撑、相邻屋架间斜撑的连接均为高强螺栓连接，使用高强螺栓连接时的注意事项和操作步骤如下：

1）钢构件拼装前应检查清除飞边、毛刺、焊接飞溅物等，摩擦面应保持干燥整洁，不得在雨中作业。

2）用高强螺栓连接的构件接触面必须经过摩擦面处理，摩擦面处理具体做法为：喷砂后生赤锈、喷完后摩擦面涂装、砂轮打磨、使用钢丝刷打磨。

3）高强度螺栓安装时，其规格和螺栓号要与设计图上要求相同，螺栓应能自由穿入孔内，不得强行敲打，并不得气割扩孔，穿放方向符合设计图纸的要求。

4）从构件组装到螺栓拧紧，一般要经过一段时间，为防止高强度螺栓连接副的扭矩系数、标高偏差、预拉力和变异系数发生变化，高强度螺栓不得兼作

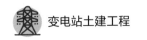

安装螺栓。

5）螺栓紧固应从螺栓群中央顺序向外旋拧，即从中央按顺序向下受约束的边缘施拧，为防止高强度螺栓连接副的表面处理涂层发生变化影响预拉力，应在当天（24h内）终拧完毕。为了减少先拧与后拧的高强度螺栓预拉力的差别，其拧紧必须分为初拧和终拧两步进行，对于大型节点，螺栓数量较多，则需要增加一道复拧工序，复拧扭矩仍等于初拧的扭矩，以保证螺栓均达到初拧值。

（2）焊接。

1）屋架与防火墙连接等采用焊接方式连接，高空焊接采用手弧焊方式进行。其具体操作步骤如下：

a. 焊条进场后对焊条的化学成分、力学性能的检验及其腐蚀检验。

b. 清理焊口。焊前应检查坡口、组装间隙是否符合要求，定位焊是否牢固，焊缝周围不得有油污、锈物。

c. 烘焙焊条应符合规定的温度与时间，从烘箱中取出的焊条，放在焊条保温桶内，随用随取。

d. 焊接注意事项：尽量避免在雨、雾等湿度较大的环境下进行焊接作业；当有风沙或风速较大时，要搭设严密的防风、防雨棚，有大风、暴雨天气时停止作业。

e. 焊接时应注意焊接顺序，宜从中间向两边焊接或者从一侧向另一侧焊接，严禁从两侧向中间进行施焊。

2）负温情况下焊接。

a. 在负温下露天焊接钢结构时，应考虑雨、雪和风的影响。当焊接场地环境温度低于−10℃时，应在区域内采取相应保温措施。当焊接场地环境温度低于−30℃时，宜搭设临时防护棚。严禁雨水、雪花飘落在尚未冷却的焊缝上。

b. 当焊接场地环境温度低于−15℃时，应适当提高焊机的电流强度，每降低3℃，焊接电流强度应提高2%。

（3）防火涂料施工。

1）根据现场施工情况，防火涂料拟采用地面喷涂，采用高压无气喷涂；因吊装而损坏的部分待后期进行补涂。

2）现场补漆。

a. 构件安装后需进行补漆的部位：高强螺栓未涂漆部分、工地焊接区、经碰撞脱落的工厂油漆部分，均需要涂防锈底漆一道。

b. 对于现场焊缝，应仔细打磨后喷防锈漆。

c. 对于运输及施工中损坏的底漆，应手工打磨后补足底漆厚度。

d. 所有补漆的产品应与厂内喷涂的产品一致。

e. 补漆时人员必须单独设置一根安全绳，安全绳不得混用，材料的吊运采用单独的安全绳。

（4）注意事项。

1）袋装粉料在施工现场必须防潮、防雨水淋，通风干燥处储存。

2）液料存放在干燥、通风处，储存温度4～35℃，不可在太阳下曝晒。

3）搅拌好的涂料必须在30min之内用完，做到现用现搅，搅拌好的料不宜长时间存放。

4）在搅拌机搅拌过程中，用铁铲不时铲一下搅拌机四周，使粘贴在四周的料充分搅匀。

5）施工期间钢结构施工环境温度均应保持在5℃以上。施工时构件表面有结霜时，严禁登高及作业；当有风沙或风速大于5m/s，停止作业；雨天及空气湿度较大时，停止作业。

6）冬季施工钢结构防火涂料时，温度低于0℃时，应采取暖棚法施工。

项目二 安全风险管控要点

（1）施工用机械、工器具经试运行、检查性能完好，满足使用要求。

（2）在焊接或切割地点周围5m范围内清除易燃、易爆物，并配备足够的灭火器材。

（3）切割机、电焊机等有单独的电源控制装置，外壳必须接地可靠。电动机械或电动工具必须做到"一机一闸一保护"。移动式电动机械必须使用绝缘护套软电缆，必须做好外壳保护接地。暂停工作时，应切断电源。使用手持式电动工具时，必须按规定使用绝缘防护用品。

（4）起重机械与起重工器具必须经过计算选定，起重机械应取得安全准用证并在有效期内，起重工器具应经过安全检验合格后方可使用。吊点位置必须经过计算现场指定。吊点处要有对吊绳的防护措施，防止吊绳卡断。待构件就位点上方200～300mm稳定后，作业人员方可进入作业点。

（5）起吊前检查起重设备及其安全装置。构件吊离地面约100mm时应暂停

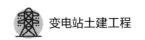

起吊并进行全面检查，确认无误后方可继续起吊。严禁以设备、管道、脚手架等作为起吊重物的承力点。吊装过程中设专人指挥，吊臂及吊物下严禁站人或有人经过。在吊件上拴以牢固的牵引绳，落钩时，防止吊物局部着地引起吊绳偏斜，吊物未固定好，严禁松钩。

（6）起吊前应检查起重设备及其安全装置；起重工作区域内应设警戒线，无关人员不得停留或通过。在伸臂及吊物的下方，严禁任何人员通过或逗留。

起重机吊臂的最大仰角不得超过制造厂铭牌规定。起吊钢柱时，应在钢柱上拴以牢固的控制绳。吊起的重物不得在空中长时间停留。

（7）钢柱立起后，应及时与接地装置连接。吊装完成后及时紧固地脚螺栓。

起重工作区域内应设警戒线，无关人员不得停留或通过。在伸臂及吊物的下方，严禁任何人员通过或逗留。

（8）高处作业人员必须使用提前设置的垂直攀登自锁器。高处作业所用的工具和材料放在工具袋内或用绳索拴在牢固的构件上，较大的工具系有保险绳。上下传递物件使用绳索，不得抛掷。

（9）起吊绳（钢丝绳）及 U 形环通过拉力承载试验。

（10）支吊索的夹角一般不大于 90°，最大不得超过 120°，起重机吊臂的最大仰角不得超过制造厂铭牌规定。

（11）两台及以上起重机抬吊作业，选择计算好的吊点，不得超过各自的允许起重量。

（12）起重作业中，如遇有六级及以上大风或雷暴、冰雹、大雪等恶劣天气时，停止起重和露天高处作业。

模块十六　建筑工程冬期施工

冬期施工质量过程控制难度高、安全作业危险系数大，建筑工程冬期施工中贯彻执行相关技术标准，做到技术先进、安全适用、经济合理、确保质量、节能环保。

冬期施工期限划分的原则是：当室外日平均气温连续 5 日稳定低于 5℃时，应采取冬期施工措施，凡进行冬期施工的工程项目，应执行冬期施工专项方案。

| 项 目 一　地 基 基 础 工 程 |

任务 1.1　土方工程

冻土挖掘应根据冻土层的厚度和施工条件，采用机械、人工或爆破等方法进行，并应符合下列规定：人工挖掘冻土可采用锤击铁楔子劈裂土方法分层进行，铁楔子长度应根据冻土层厚度确定，且宜在 300~600mm 之间取值，机械挖掘冻土设备选择表见表 16－1。

表 16－1　　　　　　　　　　机械挖掘冻土设备选择表

冻土厚度（mm）	挖掘设备
＜500	铲运机、挖掘机
500~1000	松土机、挖掘机
1000~1500	重锤或重球

爆破法挖掘冻土应选择具有专业爆破资质的队伍，爆破施工应按国家有关规定进行。

（1）在挖方上边弃置冻土时，其弃土堆坡脚至挖方边缘的距离应为常温下规定的距离加上弃土堆的高度。

（2）挖掘完毕的基槽（坑）应采取防止基底部受冻的措施，因故未能及时进行下道工序施工时，应在基槽（坑）底标高以上预留土层，并应覆盖保温材料。

（3）土方回填时，每层铺土厚度应比常温施工时减少 20%～25%，预留沉陷量应比常温施工时增加。

（4）对于大面积回填上和有路面的路基及其人行道范围内的平整场地填方，可采用含有冻土块的土回填，但冻土块的粒径不得大于 150mm，其含量不得超过 30%。铺填时冻土块应分散开，并应逐层夯实。

（5）冬期施工应在填方前清除基底上的冰雪和保温材料，填方上层部位应采用未冻的或透水性好的土方回填，其厚度应符合设计要求。填方边城的表层 1m 以内，不得采用含有冻土块的土填筑。

（6）室外的基槽（坑）或管沟可采用含有冻土块的土回填，冻土块粒径不得大于 150mm，含量不得超过 15%，且应均匀分布管沟底以上 300mm 范围内不得用含有冻土块的土回填。

（7）室内的基槽（坑）或管沟不得采用含有冻土块的土回填，施工时应连续进行并应夯实。当采用人工夯实时，每层铺土厚度不得超过 200mm，夯实厚度宜为 100～150mm。

（8）冻结期间暂不使用的管道及其场地回填时，冻土块的含量和粒径可不受限制，但融化后应作适当处理。

（9）室内地面垫层下回填的土方，填料中不得含有冻土块，并应及时夯实。填方完成后至地面施工前应采取防冻措施。

（10）永久性的挖、填方和排水沟的边坡加固修整，宜在解后进行。

任务 1.2　地基处理

强夯施工技术参数应根据加固要求与地质条件在场地内经试夯确定，试夯应按《建筑地基处理技术规范》（JGJ 79）的规定进行。

（1）强夯施工时，不应将冻结基土或回填的冻土块夯入地基的持力层。

（2）黏性土或粉土地基的强夯，宜在被夯土层表面铺设粗颗粒材料，并应及时清除黏结于锤底的土料。

|项目二　砌　体　工　程|

冬期施工所用材料应符合的规定如下：

（1）砖砌块在砌筑前，应清除表面污物、冰雪等，不得使用遭水浸和受冻后表面结冰、污染的砖或砌块。

（2）砌筑砂浆宜采用普通硅酸盐水泥配制，不得使用无水泥拌制的砂浆。

（3）现场拌制砂浆所用砂中不得含有直径大于 10mm 的冻结块或冰块。

（4）石灰膏、电石渣膏等材料应有保温措施，遭冻结时应经融化后方可使用。

（5）砂浆拌合水温不宜超过 80℃，砂加热温度不宜超过 40℃，且水泥不得与 80℃以上热水直接接触，砂浆稠度宜较常温适当增大，且不得二次加水调整砂浆和易性。

（6）砌筑间歇期间，宜及时在砌体表面进行保护性覆盖，砌体面层不得留有砂浆。继续砌筑前，应将砌体表面清理干净。

（7）砌体工程宜选用外加剂法进行施工，对绝缘、装饰等有特殊要求的工程，应采用其他方法。

（8）施工日记中应记录大气温度、暖棚内温度、砌筑时砂浆温度，外加剂掺量等有关资料。

（9）砂浆试块的留置，除应按常温规定要求外，尚应增设一组与砌体同条件养护的试块，用于检验转入常温 28d 的强度。如有特殊需要，可另外增加相应龄期的同条件试块。

|项目三　钢　筋　工　程|

（1）钢筋调直冷拉温度不宜低于 -20℃，预应力钢筋张拉温度不宜低于 -15℃。

（2）钢筋负温焊接，可采用闪光对焊、电弧焊、电渣压力焊等方法。当采用细晶粒热轧钢筋时，其焊接工艺应经试验确定，当环境温度低于 -20℃时，不宜进行施焊。

（3）负温条件下使用的钢筋，施工过程中应加强管理和检验，钢筋在运输

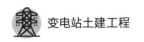

和加工过程中应防止撞击和刻痕。

（4）钢筋张拉与冷拉设备,仪表和液压工作系统油液应根据环境温度选用,并应在使用温度条件下进行配套校验。

（5）当环境温度低于－20℃时,不得对 HRB400、HRB500 钢筋进行冷弯加工。

|项 目 四 混 凝 土 工 程|

1. 冬期搅拌混凝土

（1）冬期施工搅拌混凝土时,宜优先采用加热水的方法提高拌合物温度,也可同时采用加热骨料的方法提高拌合物温度。当拌合用水和骨料加热时,拌合用水和骨料的加热温度不应超过表 16－2 的规定;当骨料不加热时,拌合用水可加热到 60℃以上。应先投入骨料和热水进行搅拌,然后再投入胶凝材料等共同搅拌。

表 16－2　　　　　　　　　拌合用水及骨料最高加热温度　　　　　　　　　（℃）

水泥强度	拌合水	骨料
42.5 以下	80	60
42.5、42.5R 及以上	60	40

（2）胶凝材料、引气剂或含引气组分外加剂不得与 60℃以上热水直接接触。

（3）混凝土拌合物的出机温度不宜低于 10℃,入模温度不应低于 5℃;对预拌混凝土或需远距离输送的混凝土,混凝土拌合物的出机温度可根据运输和输送距离经热工计算确定,但不宜低于 15℃。大体积混凝土的入模温度可根据实际情况适当降低。

2. 冬期浇筑的混凝土

（1）当采用蓄热法、暖棚法、加热法施工时,采用硅酸盐水泥、普通硅酸盐水泥配制的混凝土,不应低于设计混凝土强度等级值的 30%;采用矿渣硅酸盐水泥、粉煤灰硅酸盐水泥、火山灰质硅酸盐水泥、复合硅酸盐水泥配制的混凝土时,不应低于设计混凝土强度等级值的 40%。

（2）当室外最低气温不低于－15℃时,采用综合蓄热法、负温养护法施工的混凝土受冻临界强度不应低于 4.0MPa;当室外最低气温不低于－30℃时,采用负温养护法施工的混凝土受冻临界强度不应低于 5.0MPa。

（3）强度等级等于或高于 C50 的混凝土，不宜低于设计混凝土强度等级值的 30%。

3. 对于冬期施工的混凝土

（1）日均气温低于 5℃时，不得采用浇水自然养护方法。

（2）混凝土受冻前的强度不得低于 5MPa。

（3）模板和保温层应在混凝土冷却到 5℃方可拆除，或在混凝土表面温度与外界温度相差不大于 20℃时拆模，拆模后的混凝土亦应及时覆盖，使其缓慢冷却。

（4）混凝土强度达到设计强度等级的 50% 时，方可撤除养护措施。

（5）对强度等级等于或高于 C50 的混凝土，不宜小于设计混凝土强度等级值的 30%。

（6）对有抗渗要求的混凝土，不宜小于设计混凝土强度等级值的 50%。

（7）对有抗冻耐久性要求的混凝土，不宜小于设计混凝土强度等级值的 70%。

（8）当采用暖棚法施工的混凝土中掺入早强剂时，可按综合蓄热法受冻临界强度取值。

（9）当施工需要提高混凝土强度等级时，应按提高后的强度等级确定受冻临界强度。

| 项目五　保温及屋面防水工程 |

（1）保温工程、屋面防水工程冬期施工应选择晴朗天气进行，不得在雨、雪天和五级风及其以上或基层潮湿、结冰、霜冻条件下进行。

（2）保温及屋面工程应依据材料性能确定施工气温界限，最低施工环境气温宜符合表 16-3 的规定。

（3）保温与防水材料进场后，应存放于通风、干燥的暖棚内，并严禁接近火源和热源。棚内温度不宜低于 0℃，且不得低于表 16-3 中规定的温度。

（4）屋面防水施工时，应先做好排水比较集中的部位，凡节点部位均应加铺一层附加层。

（5）施工时，应合理安排隔气层、保温层、找平层、防水层的各项工序，连续操作,已完成部位应及时覆盖,防止受潮与受冻。穿过屋面防水层的管道、设备或预埋件,应在防水施工前安装完毕并做好防水处理。

表 16-3   保温及屋面工程施工环境气温要求

防水与保温材料	施工环境气温
黏结保温板	有机胶黏剂不低于-10℃;无机胶黏剂不低于5℃
现喷硬泡聚氨酯	15~30℃
高聚物改性沥青防水卷材	热熔法不低于-10℃
合成高分子防水卷材	冷粘法不低于5℃;焊接法不低于-10℃
高聚物改性沥青防水涂料	溶剂型不低于5℃;热熔型不低于-10℃
合成高分子防水涂料	溶剂型不低于-5℃
防水混凝土、防水砂浆	符合混凝土、砂浆相关规定
改性石油沥青密封材料	不低于0℃
合成高分子密封材料	溶剂型不低于0℃

1. 外墙保温工程施工

(1)建筑外墙外保温工程冬期施工最低温度不应低于-5℃。

(2)外墙外保温工程施工期间以及完工后 24h 内,基层及环境空气温度不应低于5℃。

(3)进场的 EPS 板胶黏剂、聚合物抹面胶浆应存放于暖棚内。液态材料不得受冻,粉状材料不得受潮,其他材料应符合本章有关规定。

(4)其他施工技术要求应符合《外墙外保温工程技术标准》(JGJ 144)的相关规定。

2. 屋面保温工程施工

(1)屋面保温材料应符合设计要求,且不得含有冰雪、冻块和杂质。

(2)干铺的保温层可在负温下施工;采用沥青胶结的保温层应在气温不低于-10℃时施工;采用水泥、石灰或其他胶结料胶结的保温层应在气温不低于5℃时施工。当气温低于上述要求时,应采取保温、防冻措施。

(3)采用水泥砂浆粘贴板状保温材料以及处理板间缝隙,可采用掺有防冻剂的保温砂浆。防冻剂掺量应通过试验确定。

(4)干铺的板状保温材料在负温施工时,板材应在基层表面铺平垫稳,分层铺设。板块上下层缝应相互错开,缝间隙应采用同类材料的碎屑填嵌密实。

（5）倒置式屋面所选用材料应符合设计及本规程相关规定，施工前应检查防水层平整度及有无结冰、霜冻或积水现象，满足要求后方可施工。

3. 屋面防水工程施工

屋面找平层施工应符合下列规定：

（1）找平层应牢固坚实、表面无凹凸、起砂、起鼓现象。如有积雪、残留冰霜、杂物等应清扫干净，并应保持干燥。

（2）找平层与女儿墙、立墙、天窗壁、变形缝、烟囱等突出屋面结构的连接处，以及找平层的转角处、水落口、檐口、天沟、檐沟、屋脊等均应做成圆弧。采用沥青防水卷材的圆弧，半径宜为 100～150mm；采用高聚物改性沥青防水卷材，圆弧半径宜为 50mm；采用合成高分子防水卷材，圆弧半径宜为20mm。

（3）采用水泥砂浆或细石混凝土找平层时，应符合下列规定：

1）应依据气温和养护温度要求掺入防冻剂，且掺量应通过试验确定。

2）采用氯化钠作为防冻剂时，宜选用普通硅酸盐水泥或矿渣硅酸盐水泥，不得使用高铝水泥。施工温度不应低于 -7℃。氯化钠掺量可按表 16-4 采用。

表 16-4　　　　　　　　　　氯 化 钠 掺 量

施工时室外气温（℃）		0～-2	-3～-5	-6～-7
氯化钠掺量 （占水泥质量百分比，%）	用于平面部位	2	4	6
	用于檐口、天沟等部位	3	5	7

（4）找平层宜留设分格缝，缝宽宜为 20mm，并应填充密封材料。当分格缝兼作排汽屋面的排汽道时，可适当加宽，并应与保温层连通。找平层表面宜平整，平整度不应超过 5mm，且不得有酥松、起砂、起皮现象。

（5）高聚物改性沥青防水卷材、合成高分子防水卷材、高聚物改性沥青防水涂料、合成高分子防水涂料等防水材料的物理性能应符合《屋面工程质量验收规范》（GB 50207）的相关规定。

（6）热熔法施工宜使用高聚物改性沥青防水卷材，并应符合下列规定：

1）基层处理剂宜使用挥发快的溶剂，涂刷后应干燥 10h 以上，并应及时铺贴。

2）水落口、管根、烟囱等容易发生渗漏部位的周围 200mm 范围内，应涂刷一遍聚氨酯等溶剂型涂料。

3）热熔铺贴防水层应采用满黏法。当坡度小于 3% 时，卷材与屋脊应平行铺贴；坡度大于 15% 时卷材与屋脊应垂直铺贴；坡度为 3%～15% 时，可平行或垂直屋脊铺贴。铺贴时应采用喷灯或热喷枪均匀加热基层和卷材，喷灯或热喷枪距卷材的距离宜为 0.5m，不得过热或烧穿，应待卷材表面熔化后，缓缓地滚铺铺贴。

4）卷材搭接应符合设计规定。当设计无规定时，横向搭接宽度宜为 120mm，纵向搭接宽度宜为 100mm。搭接时应采用喷灯或热喷枪加热搭接部位，趁卷材熔化尚未冷却时，用铁抹子把接缝边抹好，再用喷灯或热喷枪均匀细致地密封。平面与立面相连接的卷材，应由上向下压缝铺贴，并应使卷材紧贴阴角，不得有空鼓现象。

5）卷材搭接缝的边缘以及末端收头部位应以密封材料嵌缝处理，必要时也可在经过密封处理的末端接头处再用掺防冻剂的水泥砂浆压缝处理。

|项目六 建筑装饰装修工程|

1. 一般规定

（1）室外建筑装饰装修工程施工不得在五级及以上大风或雨、雪天气下进行。施工前，应采取挡风措施。

（2）外墙饰面板、饰面砖以及马赛克饰面工程采用湿贴法作业时，不宜进行冬期施工。

（3）外墙抹灰后需进行涂料施工时，抹灰砂浆内所掺的防冻剂品种应与所选用的涂料材质相匹配，具有良好的相溶性，防冻剂掺量和使用效果应通过试验确定。

（4）装饰装修施工前，应将墙体基层表面的冰、雪、霜等清理干净。

（5）室内抹灰前，应提前做好屋面防水层、保温层及室内封闭保温层。

（6）室内装饰施工可采用建筑物正式热源、临时性管道或火炉、电气取暖。若采用火炉取暖时，应采取预防煤气中毒的措施。

（7）室内抹灰、块料装饰工程施工与养护期间的温度不应低于 5℃。

（8）冬期抹灰及粘贴面砖所用砂浆应采取保温、防冻措施。室外用砂浆内可掺入防冻剂，其掺量应根据施工及养护期间环境温度经试验确定。

（9）室内粘贴壁纸时，其环境温度不宜低于 5℃。

2. 抹灰工程

（1）室内抹灰的环境温度不应低于 5℃。抹灰前，应将门口和窗口、外墙脚手眼或孔洞等封堵好，施工洞口、运料口及楼梯间等处应封闭保温。

（2）砂浆应在搅拌棚内集中搅拌，并应随用随拌，运输过程中应进行保温。

（3）室内抹灰工程结束后，在 7d 以内应保持室内温度不低于 5℃。当采用热空气加温时，应注意通风，排除湿气。当抹灰砂浆中掺入防冻剂时，温度可相应降低。

（4）室外抹灰采用冷作法施工时，可使用掺防冻剂水泥砂浆或水泥混合砂浆。

（5）含氯盐的防冻剂不宜用于有高压电源部位和有油漆墙面的水泥砂浆基层内。

（6）砂浆防冻剂的掺量应按使用温度与产品说明书的规定经试验确定。当采用氯化钠作为砂浆防冻剂时，其掺量可按表 16-5 选用。当采用亚硝酸钠作为砂浆防冻剂时，其掺量可按表 16-6 选用。

表 16-5　砂浆内氯化钠掺量

室外气温（℃）		0～-5	-5～-10
氯化钠掺量（占拌合水质量百分比，%）	挑檐、阳台、雨罩、墙面等抹水泥砂浆	4	4～8
	墙面为水刷石、干粘石水泥砂浆	5	5～10

表 16-6　砂浆内亚硝酸钠掺量

室外气温（℃）	0～-3	-4～-9	-10～-15	-16～-20
亚硝酸钠掺量（占水泥质量百分比，%）	1	3	5	8

（7）当抹灰基层表面有冰、霜、雪时，可采用与抹灰砂浆同浓度的防冻剂溶液冲刷，并应清除表面的尘土。

（8）当施工要求分层抹灰时，底层灰不得受冻。抹灰砂浆在硬化初期应采取防止受冻的保温措施。

3. 油漆、刷浆、裱糊、玻璃工程

（1）油漆、刷浆、裱糊、玻璃工程应在采暖条件下进行施工。当需要在室外施工时，其最低环境温度不应低于 5℃。

（2）刷调合漆时，应在其内加入调合漆质量 2.5%的催干剂和 5.0%的松香

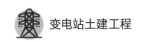

水，施工时应排除烟气和潮气，防止失光和发黏不干。

（3）室外喷、涂、刷油漆、高级涂料时应保持施工均衡。粉浆类料浆宜采用热水配制，随用随配并应将料浆保温，料浆使用温度宜保持 15℃左右。

（4）裱糊工程施工时，混凝土或抹灰基层含水率不应大于 8%。施工中当室内温度高于20℃，且相对湿度大于80%时，应开窗换气，防止壁纸皱褶起泡。

（5）玻璃工程施工时，应将玻璃、镶嵌用合成橡胶等材料运到有采暖设备的室内，施工环境温度不宜低于5℃。

（6）外墙铝合金、塑料框、大扇玻璃不宜在冬期安装。

|项 目 七　钢 结 构 工 程|

1. 一般规定

（1）在负温下进行钢结构的制作和安装时，应按照负温施工的要求，编制钢结构制作工艺规程和安装施工组织设计文件。

（2）钢结构制作和安装采用的钢尺和量具，应和土建单位使用的钢尺和量具相同，并应采用同一精度级别进行鉴定。土建结构和钢结构应采取不同的温度膨胀系数差值调整措施。

（3）钢构件在正温下制作，负温下安装时，施工中应采取相应调整偏差的技术措施。

（4）参加负温钢结构施工的电焊工应经过负温焊接工艺培训，并应取得合格证，方能参加钢结构的负温焊接工作。定位点焊工作应由取得定位点焊合格证的电焊工来担任。

2. 钢结构安装

（1）冬期运输、堆存钢结构时，应采取防滑措施。构件堆放场地应平整坚实并无水坑，地面无结冰。同一型号构件叠放时，构件应保持水平，垫块应在同一垂直线上，并应防止构件溜滑。

（2）钢结构安装前除应按常温规定要求内容进行检查外，还应根据负温条件下的要求对构件质量进行详细复验。凡是在制作中漏检和运输、堆放中造成的构件变形等，偏差大于规定影响安装质量时，应在地面进行修理、矫正，符合设计和规范要求后方能起吊安装。

（3）在负温下绑扎、起吊钢构件用的钢索与构件直接接触时，应加防滑隔垫。凡是与构件同时起吊的节点板、安装人员用的挂梯、校正用的卡具，应采用绳索绑扎牢固。直接使用吊环、吊耳起吊构件时应检查吊环、吊耳连接焊缝有无损伤。

（4）在负温下安装构件时，应根据气温条件编制钢构件安装顺序图表，施工中应按照规定的顺序进行安装。平面上应从建筑物的中心逐步向四周扩展安装，立面上宜从下部逐件往上安装。

（5）钢结构安装的焊接工作应编制焊接工艺。在各节柱的一层构件安装、校正、栓接并预留焊缝收缩量后，平面上应从结构中心开始向四周对称扩展焊接，不得从结构外圈向中心焊接，一个构件的两端不得同时进行焊接。

（6）构件上有积雪、结冰、结露时，安装前应清除干净，但不得损伤涂层。

（7）在负温下安装钢结构用的专用机具应按负温要求进行检验。

（8）在负温下安装柱子、主梁、支撑等大构件时应立即进行校正，位置校正正确后应立即进行永久固定。当天安装的构件，应形成空间稳定体系。

（9）高强螺栓接头安装时，构件的摩擦面应干净，不得有积雪、结冰，且不得雨淋、接触泥土、油污等脏物。

（10）多层钢结构安装时，应限制楼面上堆放的荷载。施工活荷载、积雪、结冰的质量不得超过钢梁和楼板（压型钢板）的承载能力。

（11）栓钉焊接前，应根据负温值的大小，对焊接电流、焊接时间等参数进行测定。

（12）钢结构在低温安装过程中，需要进行临时固定或连接时，宜采用螺栓连接形式；当需要现场临时焊接时，应在安装完毕后及时清理临时焊缝。

项目八　越冬维护工程

（1）对于有采暖要求，但却不能保证正常采暖的新建工程、跨年施工的在建工程以及停建、缓建工程等，在入冬前均应编制越冬维护方案。

（2）越冬工程保温维护，应就地取材，保温层的厚度应由热工计算确定。

（3）在制订越冬维护措施之前，应认真检查核对有关工程地质、水文、当地气温以及地基土的冻胀特征和最大冻结深度等资料。

（4）施工场地和建筑物周围应做好排水，地基和基础不得被水浸泡。

（5）在山区坡地建造的工程，入冬前应根据地表水流动的方向设置截水沟、

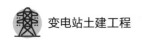

泄水沟，但不得在建筑物底部设暗沟和盲沟疏水。

（6）凡按采暖要求设计的房屋竣工后，应及时采暖，室内温度不得低于5℃。当不能满足上述要求时，应采取越冬防护措施。

|项目九　安全风险管控要点|

（1）冬季养护阶段，严禁作业人员进棚内取暖，进棚作业必须设专人棚外监护。

（2）应为作业人员配发防止冻伤、滑跌、雪盲及有害气体中毒等个人防护用品或采取相应措施，防寒服装等颜色宜醒目。

（3）当环境温度低于−25℃时不宜进行室外施工作业，确需施工时，主要受力机具应提高安全系数10%～20%。

（4）施工机械设备的水箱、油路管道等润滑部件应经常检查，适季更换油材；油箱或容器内的油料冻结时，应采用热水或蒸汽化冻，不得用火烤化。

（5）入冬之前，对消防器具应进行全面检查，对消防设施及施工用水外露管道，应做好保温防冻措施。

（6）对取暖设施应进行全面检查。用火炉取暖时，应采取防止一氧化碳中毒的措施；加强用火管理，及时清除火源周围的易燃物；根据需要配备防风保暖帐篷、取暖器等防寒设施。

（7）汽车及轮胎式机械在冰雪路面上行驶时，应更换雪地胎或加装防滑链。

（8）冬季坑、槽的施工方案中应根据土质情况制订边坡防护措施，施工中和化冻后要检查边坡稳定，出现裂缝、土质疏松或护坡桩变形等情况要及时采取措施。

（9）施工现场不得使用裸线；电线铺设要防砸、防碾压；防止电线冻结在冰雪之中；大风雪后，应对供电线路进行检查，防止断线造成触电事故。

（10）现场道路及脚手架、跳板和走道等，应及时清除积水、积霜、积雪并采取防滑措施。

（11）用明火加热时，配备足量的消防器材，人员离场应及时熄灭火源。

（12）严寒季节采用工棚保温措施施工应遵守下列规定：

1）使用锅炉作为加温设备，锅炉应经过压力容器设备检验合格。锅炉操作人员应经过培训合格、取证。

2）工棚内养护人员不能少于 2 人，应有防止一氧化碳中毒、窒息的措施。

3）采用苫布直接遮盖、用炭火养生的基础，应留有通风口，加火或测温人员应先打开苫布通风，并测量一氧化碳和氧气浓度，达到符合指标时，才能进入基坑，同时坑上设置监护人。

4）在霜雪天气进行户外露天作业应及时清除场地霜雪，采取防冻措施。

模块十七　附　属　工　程

|项目一　消防设备安装工程|

任务 1.1　灭火器及消防砂箱、消防棚架配置

（1）灭火器的安装设置应包括灭火器、灭火器箱、挂钩、托架和发光指示标志等的安装。

（2）灭火器的安装设置应按照建筑灭火器配置设计图和安装说明进行，安装设置单位应按照规范的规定编制建筑灭火器配置定位编码表。

（3）灭火器的安装设置应便于取用，且不得影响安全疏散。

（4）灭火器的安装设置应稳固，灭火器的铭牌应朝外，灭火器的器头宜向上。

（5）灭火器设置点的环境温度不得超出灭火器的使用温度范围。

（6）灭火器设置示例见图 17-1。

图 17-1　灭火器设置示例

1）手提式灭火器宜设置在灭火器箱内或挂钩、托架上。对于环境干燥、洁净的场所，手提式灭火器可直接放置在地面上。

2）灭火器箱不应被遮挡、上锁或拴系。

3）灭火器箱的箱门开启应方便灵活，其箱门开启后不得阻挡人员安全疏散。除不影响灭火器取用和人员疏散的场合外，开门型灭火器箱的箱门开启角度不应小于175°，翻盖型灭火器箱的翻盖开启角度不应小于100°。

（7）挂钩、托架安装后应能承受一定的静载荷，不应出现松动、脱落、断裂和明显变形。挂钩、托架安装应符合下列要求：

1）应保证可用徒手的方式便捷地取用设置在挂钩、托架上的手提式灭火器。

2）当两具及两具以上的手提式灭火器相邻设置在挂钩、托架上时，应可任意地取用其中一具。

3）设有夹持带的挂钩、托架，夹持带的打开方式应从正面可以看到。当夹持带打开时，灭火器不应掉落。

4）嵌墙式灭火器箱及挂钩、托架的安装高度应满足手提式灭火器顶部离地面距离不大于1.50m，底部离地面距离不小于0.08m的规定。

（8）推车式灭火器的设置：

1）推车式灭火器宜设置在平坦场地，不得设置在台阶上。在没有外力作用下，推车式灭火器不得自行滑动。

2）推车式灭火器的设置和防止自行滑动的固定措施等均不得影响其操作使用和正常行驶移动。

（9）消防砂箱配置应符合下列规定：

1）布置位置应符合设计要求。

2）每个消防砂箱附近需配置相应的消防架，消防架宜配置消防斧、消防锹、消防钩和消防桶。

3）室外消防砂箱应有相应的保护措施。

（10）消防棚架配置应符合下列规定：

1）固定应牢固，设置在位置明显和便于取用的地点，且不得影响安全疏散。

2）配置的消防斧、消防锹、消防钩和消防桶不得移做他用。

（11）其他：

1）在有视线障碍的设置点安装设置灭火器时，应在醒目的地方设置指示灭火器位置的发光标志。

2）在灭火器箱的箱体正面和灭火器设置点附近的墙面上应设置指示灭火器位置的标志，并宜选用发光标志。

3）设置在室外的灭火器应采取防湿、防寒、防晒等保护措施。

4）当灭火器设置在潮湿性或腐蚀性的场所时，应采取防湿或防腐蚀措施。

灭火器设置示例见图 17-1。

任务 1.2　消防应急照明和疏散指示系统

（1）各类管路暗敷时，应敷设在不燃性结构内，且保护层厚度不应小于 30mm。

（2）管路经过建、构筑物的沉降缝、伸缩缝、抗震缝等变形缝处，应采取补偿措施。

（3）敷设在地面上、多尘或潮湿场所管路的管口和管子连接处，均应做防腐蚀、密封处理。

（4）系统应单独布线。除设计要求以外，不同回路、不同电压等级、交流与直流的线路，不应布在同一管内或槽盒的同一槽孔内。

（5）线缆在管内或槽盒内，不应有接头或扭结；导线应在接线盒内采用焊接、压接、接线端子可靠连接。

（6）从接线盒、管路、槽盒等处引到系统部件的线路，当采用可弯曲金属电气导管保护时，其长度不应大于 2m，且金属导管应入盒并固定。

（7）线缆跨越建、构筑物的沉降缝、伸缩缝、抗震缝等变形缝的两侧应固定，并留有适当余量。

（8）应急照明控制器主电源应设置明显的永久性标识，并应直接与消防电源连接，严禁使用电源插头；应急照明控制器与其外接备用电源之间应直接连接。

（9）符合下列条件时，管路应在便于接线处装设接线盒：

1）管子长度每超过 30m，无弯曲时。

2）管子长度每超过 20m，有 1 个弯曲时。

3）管子长度每超过 10m，有 2 个弯曲时。

4）管子长度每超过 8m，有 3 个弯曲时。

（10）槽盒敷设时，应在下列部位设置吊点或支点，吊杆直径不应小于 6mm：

1）槽盒始端、终端及接头处。

2）槽盒转角或分支处。

3）直线段不大于 3m 处。

（11）应急照明控制器、集中电源和应急照明配电箱的接线应符合下列规定：

1）引入设备的电缆或导线，配线应整齐，不宜交叉，并应固定牢靠。

2）线缆芯线的端部，均应标明编号，并与图纸一致，字迹应清晰且不易褪色。

3）端子板的每个接线端，接线不得超过 2 根。

4）线缆应留有不小于 200mm 长的余量。

5）导线应绑扎成束。

6）线缆穿管、槽盒后，应将管口、槽口封堵。

（12）灯具安装：

1）灯具应固定安装在不燃性墙体或不燃性装修材料上，不应安装在门、窗或其他可移动的物体上。

2）灯具安装后不应对人员正常通行产生影响，灯具周围应无遮挡物，并应保证灯具上的各种状态指示灯易于观察。

（13）灯具在顶棚、疏散走道或通道的上方安装时，应符合下列规定：

1）照明灯可采用嵌顶、吸顶和吊装式安装。

2）标志灯可采用吸顶和吊装式安装；室内高度大于 3.5m 的场所，特大型、大型、中型标志灯宜采用吊装式安装。

3）灯具采用吊装式安装时，应采用金属吊杆或吊链，吊杆或吊链上端应固定在建筑构件上。

（14）灯具在侧面墙或柱上安装时，应符合下列规定：

1）可采用壁挂式或嵌入式安装。

2）安装高度距地面不大于 1m 时，灯具表面凸出墙面或柱面的部分不应有尖锐角、毛刺等突出物，凸出墙面或柱面最大水平距离不应超过 20mm。

（15）照明灯宜安装在顶棚上，当条件限制时，照明灯可安装在走道侧面墙上，并应符合下列规定：

1）安装高度不应在距地面 1～2m 之间。

2）在距地面 1m 以下侧面墙上安装时，应保证光线照射在灯具的水平线以下。

（16）标志灯的标志面宜与疏散方向垂直，出口标志灯的安装应符合下列

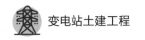

规定：

1）应安装在安全出口或疏散门内侧上方居中的位置；受安装条件限制标志灯无法安装在门框上侧时，可安装在门的两侧，但门完全开启时标志灯不能被遮挡。

2）室内高度不大于 3.5m 的场所，标志灯底边离门框距离不应大于 200mm；室内高度大于 3.5m 的场所，特大型、大型、中型标志灯底边距地面高度不宜小于 3m，且不宜大于 6m。

3）采用吸顶或吊装式安装时，标志灯距安全出口或疏散门所在墙面的距离不宜大于 50mm。

（17）方向标志灯的安装应符合下列规定：

1）应保证标志灯的箭头指示方向与疏散指示方案一致。

2）安装在疏散走道、通道两侧的墙面或柱面上时，标志灯底边距地面的高度应小于 1m。

3）安装在疏散走道、通道上方时：① 室内高度不大于 3.5m 的场所，标志灯底边距地面的高度宜为 2.2～2.5m；② 室内高度大于 3.5m 的场所，特大型、大型、中型标志灯底边距地面高度不宜小于 3m，且不宜大于 6m。

4）当安装在疏散走道、通道转角处的上方或两侧时，标志灯与转角处边墙的距离不应大于 1m。

5）当安全出口或疏散门在疏散走道侧边时，在疏散走道增设的方向标志灯应安装在疏散走道的顶部，且标志灯的标志面应与疏散方向垂直、箭头应指向安全出口或疏散门。

6）当安装在疏散走道、通道的地面上时，应符合下列规定：① 标志灯应安装在疏散走道、通道的中心位置；② 标志灯的所有金属构件应采用耐腐蚀构件或做防腐处理，标志灯配电、通信线路的连接应采用密封胶密封；③ 标志灯表面应与地面平行，高于地面距离不应大于 3mm，标志灯边缘与地面垂直距离高度不应大于 1mm。

（18）根据设计文件的规定，对系统备用照明的功能进行检查并记录，系统备用照明的功能应符合下列规定：

1）切断为备用照明灯具供电的正常照明电源输出。

2）消防电源专用应急回路供电应能自动投入为备用照明灯具供电。

消防应急照明灯具示例见图 17－2。

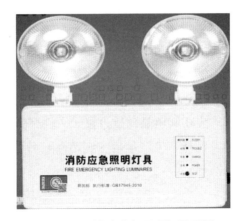

图 17-2　消防应急照明灯具示例

任务 1.3　电缆线路防火阻燃设施施工

防火墙施工应符合下列规定：

（1）电缆沟内的防火墙底部应留有排水孔洞，防火墙上部的盖板表面宜做明显且不易褪色的标记。

（2）防火墙上的防火门应严密，防火墙两侧长度不小于 2m 内的电缆应涂刷防火涂料或缠绕防火包带。

（3）防火阻燃材料施工措施应按设计要求和材料使用工艺确定，材料质量与外观应符合下列规定：

1）有机堵料不应氧化、冒油，软硬应适度，应具备一定的柔韧性。

2）无机堵料应无结块、杂质。

3）防火隔板应平整、厚薄均匀。

4）防火包遇水或受潮后不应结块。

5）防火涂料应无结块、能搅拌均匀。

6）阻火网网孔尺寸应均匀，经纬线粗细应均匀，附着防火复合膨胀料厚度应一致。网弯曲时不应变形、脱落，并应易于曲面固定。

（4）电缆孔洞封堵应严实可靠，不应有明显的裂缝和可见的孔隙，堵体表面平整，孔洞较大者应加耐火衬板后再进行封堵。有机防火堵料封堵不应有透光、漏风、龟裂、脱落、硬化现象；无机防火堵料封堵不应有粉化、开裂等缺陷。防火包的堆砌应密实牢固，外观应整齐，不应透光。

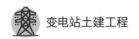

（5）电缆线路防火阻燃设施应保证必要的强度，封堵部位应能长期使用，不应发生破损、散落、坍塌等现象。

任务 1.4　防火门窗

（1）每樘防火门窗均应在其明显部位设置永久性标牌，并应标明产品名称、型号、规格、耐火性能及商标、生产单位（制造商）名称和厂址、出厂日期及产品生产批号、执行标准等。

（2）防火门安装。

1）除特殊情况外，防火门应向疏散方向开启，防火门在关闭后应从任何一侧手动开启。

2）常闭防火门应安装闭门器等，双扇和多扇防火门应安装顺序器。

3）防火插销应安装在双扇门或多扇门相对固定一侧的门扇上。

4）防火门门框与门扇、门扇与门扇的缝隙处嵌装的防火密封件应牢固、完好。

5）设置在变形缝附近的防火门，应安装在楼层数较多的一侧，且门扇开启后不应跨越变形缝。

6）钢质防火门门框内应充填水泥砂浆。门框与墙体应用预埋钢件或膨胀螺栓等连接牢固，其固定点间距不宜大于 600mm。

7）防火门门扇与门框的搭接尺寸不应小于 12mm。

防火门安装示例见图 17-3。

图 17-3　防火门安装示例

任务 1.5　建筑内部装修

装修施工一般规定：

（1）装修施工应按设计要求编写施工方案。施工现场管理应具备相应的施工技术标准、健全的施工质量管理体系和工程质量检验制度，并应按规范的要求填写有关记录。

（2）装修施工前，应对各部位装修材料的燃烧性能进行技术交底。

进入施工现场的装修材料应完好，并应核查其燃烧性、防火性能型式检验报告、合格证书等技术文件是否符合防火设计要求。核查、检验时，应按规范的要求填写进场验收记录。

（3）装修材料进入施工现场后，应按本规范的有关规定，在监理单位或建设单位监督下，由施工单位有关人员现场取样，并应由具备相应资质的检验单位进行见证取样检验。

（4）装修施工过程中，装修材料应远离火源，并应指派专人负责施工现场的防火安全。

（5）建筑工程内部装修不得影响消防设施的使用功能。装修施工过程中，当确需变更防火设计时，应经原设计单位或具有相应资质的设计单位按有关规定进行。

（6）装修施工过程中，应分阶段对所选用的防火装修材料按规范的规定进行抽样检验。对隐蔽工程的施工，应在施工过程中及完工后进行抽样检验。现场进行阻燃处理、喷涂、安装作业的施工，应在相应的施工作业完成后进行抽样检验。

任务 1.6　钢结构防火保护

钢结构防火保护工程的施工过程质量控制应符合下列规定：

（1）采用的主要材料、半成品及成品应进行进场检查验收；凡涉及安全、功能的原材料、半成品及成品应按规范和设计文件等的规定进行复验，并应经监理工程师检查认可。

（2）各工序应按施工技术标准进行质量控制，每道工序完成后，经施工单位自检符合规定后，才可进行下道工序施工。

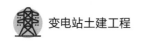

（3）相关专业工种之间应进行交接检验，并应经监理工程师检查认可。

（4）钢结构防火保护工程施工质量的验收，必须采用经计量检定、校准合格的计量器具。

（5）钢结构防火保护工程应作为钢结构工程的分项工程，分成一个或若干个检验批进行质量验收。检验批可按钢结构制作或钢结构安装工程检验批划分成一个或若干个检验批，一个检验批内应采用相同的防火保护方式、同一批次的材料、相同的施工工艺，且施工条件、养护条件等相近。

任务 1.7　防排烟系统

金属风管的制作和连接应符合下列规定：

（1）风管采用法兰连接时，风管法兰材料规格应按标准选用，其螺栓孔的间距不得大于 150mm，矩形风管法兰四角处应设有螺孔。

（2）板材应采用咬口连接或铆接，除镀锌钢板及含有复合保护层的钢板外，板厚大于 1.5mm 的可采用焊接。

（3）风管应以板材连接的密封为主，可辅以密封胶嵌缝或其他方法密封，密封面宜设在风管的正压侧。

（4）管道标识应采用文字和箭头。文字应注明介质种类，箭头应指向介质流动方向。文字和箭头尺寸应与管径大小相匹配，文字应在箭头尾部。

（5）风管（道）系统安装完毕后，应按系统类别进行严密性检验，检验应以主、干管道为主，漏风量应符合设计与标准的规定。

（6）风机安装。

1）风机外壳至墙壁或其他设备的距离不应小于 600mm。

2）风机应设在混凝土或钢架基础上，且不应设置减震装置；若排烟系统与通风空调系统共用且需要设置减振装置时，不应使用橡胶减震装置。

3）吊装风机的支、吊架应焊接牢固、安装可靠，其结构形式和外形尺寸应符合设计或设备技术文件要求。

4）风机驱动装置的外露部位应装设防护罩；直通大气的进、出风口应装设防护网或采取其他安全设施，并应设防雨措施，应标明转向标识并可靠接地。

排风管设置示例见图 17－4。

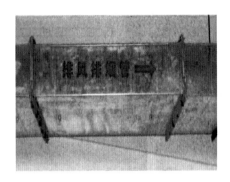

图 17-4　排风管设置示例

|项目二　安全风险管控要点|

（1）搬运和移动设备之前，应对搬运用的钢丝绳进行选择和检查。

（2）人力搬运时，不可超限使用抬扛和绳索，无关人员不得停留和通过。设备就位时，作业人员防止挤手和砸脚。

（3）电缆敷设人员戴好安全帽、手套，严禁穿塑料底鞋，必须听从统一口令，用力均匀协调。

（4）操作电缆盘人员要时刻注意电缆盘有无倾斜现象，特别是在电缆盘上剩下几圈时，应防止电缆突然蹦出伤人。

（5）电缆通过孔洞时，出口侧的人员不得在正面接引，避免电缆伤及面部。

（6）固定电缆用的夹具应具有表面平滑、便于安装、足够的机械强度和适合使用环境的耐久性特点。